「食」の図書館

ソースの歴史

SAUCES: A GLOBAL HISTORY

MARYANN TEBBEN
メアリアン・テブン【著】
伊藤はるみ【訳】

原書房

目次

第5章　ちょっと変わったソース　127

第6章　何が違い、何が同じなのか　152

［……］は翻訳者による注記である。

序章◉ソースは謎めいた存在

◉私のソース小史

私とソースとの関係は一本道をたどってきたわけではない。いくつかの偶然の出来事によって少しずつソースのことがわかってきたというところだ。

子供の頃から特に食べ物の好き嫌いもなく、大のソース党だった私は、1年間の留学のためフランスに降り立つまで、自分のソース体験がいかに限られたものだったかを全然知らなかった。フランス人の友人が、生野菜を入れる前に油と酢とマスタードの量をはかってサラダボウルに入れ、ヴィネグレットソース［フランス料理のもっとも基本的なソース。フレンチドレッシングとも］を作るのを目撃したとき、彼女にとっての「サラダドレッシング」とは、私がよく知っているプラスチック容器入りの色とりどりのソースのことではないということがわかった。クレープ屋でクレープを注文

クレームシャンティイ（バニラ・ホイップクリーム）

したときは、店員に「シャンティイ」を追加するかと聞かれても、何のことかさっぱりわからなかった。私がぽかんとしていたので、店員は見本を持ってきてくれた。バニラの香りのするホイップクリームを見た私たちは大いにはしゃいだものだ。それ以来、デザートのクレープにそれを欠かしたことはない。私はフランスで、ソースを理解するにあたって言葉の壁が障害になる場合があること、ソースにかかわるときは往々にして経験なりその場の状況に対する理解なりが必要になることを学んだ。また、ソースによっては少しで十分な効果が得られるときもあることを学んだ。たとえディジョンのグレイプーポンのショップで誘惑に負け、マスタードの1キログラム入り容器を買ってしまったとしてもである。

いったんソースへの興味がわいてくるとどこへ行ってもソースが自然に目に入ってきたが、私にとってソースはあいかわらず謎めいた存在だった。クラフトの「チーズソースマカロニ」はいつ食べてもおいしいと思っていたが、ある人がゆでたてのマカロニにバターを加えてかきまぜ、マカロニとバターがよくなじんでから牛乳と粉チーズを加えるのを見て、目からうろこが落ちた気分だった――そのソースにはつぶつぶした食感があり、水っぽくなかった。すべての要素がそれぞれの役割を果たすことでソースが完成するのだということが私にもだんだんわかってきた。クラフト社だって、ソースの仕上げにバターを使うよう顧客に教えることはできるはずだ。

あるとき、エシャロット、ワイン、マスタードを使ってディアヌステーキのソースを作ってみたら、驚いたことに高級ステーキハウスなみのおいしさになった。あるベトナム人の友人は、魚醤《ぎょしょう》（ニョクマムシ）はかなり臭いがとてもおいしいということを教えてくれた。冷たいアイスクリームに熱々のチョコレートファッジソースをかけたデザートのどこがいいのか私にはどうにも理解できないが、あるレストランで出会ったキャラメル・ベーコン・デザートソースにはすっかり魅了された。そこのシェフはアメリカの料理文化振興に努めるジェームズ・ビアード財団に招かれ、ベーコンづくしディナーのデザートを担当した人だった。そのすばらしい成果に接した私は、ソースには長い伝統がありいろいろなルールもあるが、新たな創造の余地も十分あると悟ったものだ。

●本書の構成

この本ではこうしたソースのさまざまな要素――言語的側面、フランス料理から生まれた基本的なソース、ソースの世界的な広がり、厳格なルールを持ちつつも目新しさをも許容するソースの懐の深さ――について探求していくつもりである。

第1章ではソースの起源と考えられるもっとも古い形、すなわちギリシアのガルム、ローマのリカーメン、それとほぼ同時代にアジアに存在した魚醤、次いでスパイスのきいた中世のソース、そして単純な酢とマスタードをとりあげる。これらの基本的なソースはそのまま使われたり、調理された各種のソースに欠くことのできない材料となったりして、食物に直接作用し、その味を大きく向上させたものである。酢は古代のソースにも現代のソースにも共通して使われている。それには実用的な理由（酢に含まれる酢酸は殺菌作用があり食品を安全に保つ）もあるが、酢の味そのものが今もソースの主流だからである。現代ではさまざまな食品保存技術があるが、私たちにとって酢のさわやかな風味は今も捨てがたい。とりわけコンディメントソースは、古代から伝わるソースのスパイシーでピリッとする複雑な風味を受け継いでいる。

第2章で扱うコンディメントソースは大豆醤油や魚醤などの基本的なソースと、昔ながらの味と新しいテクニックを合体させて肉料理や魚料理に用いるメインディッシュ用のソースとの中間に位置するものである。料理の世界的な均質化の話題になると決まってトマトケチャップが槍玉にあげられるが、コンディメントソースにはお国柄がはっきりと見られる。

第3章では中世のソースが進化してフランスで黄金期を迎える過程をたどる。このソースの特

「ブリテンズ・ベスト」社のO.K.ソースの広告。1952年。

徴はバターを使用すること、小麦粉をつなぎとしてソースにとろみをつけることである。この章では17世紀の料理人からカレーム、エスコフィエといったシェフ、そしてヌーヴェル・キュイジーヌ以後までを扱う。第4章ではさまざまな肉のソースをとりあげ、コインの裏表の関係にあるイギリス風のグレイヴィソースとパスタ用のグレイヴィについて見ていく。

第4章までのどこにも該当しなかったソース、たとえば風変わりな名前のソースや分子ガストロノミーと呼ばれる分野のソースは第5章でとりあげる。最後の章では、ある国を代表するソースがその国の伝統や人々の好みとどう関係しているかを考察し、国境を越えた「普遍的なソース」について論じる。

第1章◉ソースの歴史

愛をソースと呼んでもいいだろう。あらゆる食べ物をよりおいしくしてくれるのだから。

——ベニーニュ・ポワスノ（1583年）

◉ソースの定義は難しい

ソースの歴史について書こうとするとき、まずぶつかる問題はソースの定義である。有名なシェフによって名前が定着しているもの（ベシャメルソース、エスパニョールソース）や商品化されてどこにでもあるもの（トマトケチャップ、ブラウンソース）などをソースの具体例としてあげるのは簡単だ。しかし漠然とソースとは何かと問われたら、正確に答えるのは難しい。

ソースはたいてい液体だ（醤油やウスターソース）が、そうでないもの（クランベリージャムソースやバターと砂糖を混ぜてクリーム状にしたハードソース）もあるし、液体と固体が混じったようなもの（サルサやマスタード）もある。肉を材料にしたソースや肉に添えるためのソース（グレイヴィやボロネーゼソース）はたくさんあるが、肉類を使わないものや野菜に合わせるためのソース（ヴィネグレットソースやマヨネーズ）もある。高級料理にも使われる（トリュフを使うフィナンシエールソース）が、家庭料理（ローストビーフのグレイヴィ）やジャンクフード（ファストフードのハンバーガーに添えるケチャップ）にも使われる。要するに料理のレベルを問わずに使われているのがソースである。

ソースの歴史を考えるうえでは、ある特定のソースを指して使われる言葉や、「ソース」という概念を意味する一般的な用語にも目を配る必要がある。ある国の特定のソースが言語の異なる国に伝わったとき、それを指す用語は、受け入れた国におけるソースの使われ方や食生活の伝統によって変化し、意味を変えることがよくあるからだ。たとえば「グレイヴィ」という語が古フランス語からイギリス英語を経てイタリア系アメリカ英語へと、同音のまま意味を変えつつ伝わったのがその好例である。一方インドネシア語の「ケチャップ kecap または ke-tsiap」は、イギリスやアメリカのケチャップとは別物である。ドイツのマスタードはイタリアの「モスタルダ」と同じではない。また、同じ言語の中であってもソースを意味する語に注意が必要な場合もある。フランス語では「クーリ coulis」と「ジュ jus」と「ソース sauce」はどれもソースを指す一般的な語で、フランス料理におけるソースの分類とは関係がない。

とは言え、本書で明らかにしていくことだが、ソースと呼ばれるものすべてに共通する基本的な特徴というものはたしかに存在する。本書で扱うソースは、食物とともに存在し、たいていはなめらかな液体状であり、味をよくするために料理に添えられるものである。そして、料理の材料ではなく料理を補う役割をになうものである。

ドレッシング、グレイヴィ、ディップはどれもある程度手間をかけて作る必要があり（つまり単なる素材ではなく）、料理とともにテーブルに供されるが料理そのものとは区別される。シロップやペースト状のスパイスや油、酢、塩も食物の味を補うが、ソースの定義にはあてはまらない。それらは料理の基本的な材料である。コンディメントの中にはソースと言えるもの――たとえばケチャップやマスタード――もあるが、すべてがソースとは言えない。液体というより固体に近いものもあるし、ピクルスや付けあわせのようにそれ自体が単独で食べられるものもあるからだ。

はっきり区別がつかないグレーゾーンがあることは否定できない（サワークリームはソース？　カラメルソースは？）が、この本ですべてのソースをとりあげるのは無理というものだ。広く定義すれば、ソースとは時には味を補い、時にはあえて味を中和させることで、食物をよりおいしくするものである。決してメインディッシュにはならず、どうしても必要なものでもない。食べるものだが料理の飾りにもなる。食べられるが単独では料理にはならない。要するに、絶対に必要なものではないが、ソースが存在しない調理場などは想像できないし、現にソースはいたるところにあるものである。

料理人にとってソースはとても魅力的なものだ。なぜなら、身近にある材料やその土地に特有の好みや伝統に加えて、独自の創造力を存分にふるうことができるのだから。ある国の料理の主流とされるソースはその地で手に入る食物と密接に結びついているが、もちろん文化的な影響も受ける。菜食主義的傾向が日本における魚醤から植物性醤油への転換をもたらし、反カトリック主義がイギリスをグレイヴィの国にし、産業の急速な発展がアメリカにおけるケチャップなど長期保存のきく既製品のコンディメントソースの発展をうながしたのである。

●ソースの歴史をたどる

ソースの歴史をたどると、その材料や使い方や哲学（ソースを使う目的）は著しい進化をとげてきたことがわかる。風味がよく保存がきくソースを作るため、初期のソースは醱酵作用を利用し、時には刺激や香りの強いスパイスを組み合わせていた。そこで重視されていたのはバランスの原則である。当時ソースは体液をととのえ病気を防ぐと信じられていた。古代や中世のソースの特徴としてスパイスが大量に使われていたことがあげられるが、それは腐りかけた肉の悪臭を隠すためではなく――長いあいだ信じられていたこの神話は、現在では否定されている――古代の医学者たちが考案した食事療法にしたがって食物で体液のバランスをとるためだった。メインの食材の性質に適したさまざまな成分を組み合わせることで、ソースは大いにその役割を果たしたのである。したがって古代のソースの大部分は料理につけたすコンディメントとして用いられるものだったのであり、メインの食材やそれから出た汁とともに調理される「一体化したソース」ではなかった。

陶製の水差し、もしくは舟形ソース入れ。古代ギリシア。紀元前2800～2300年。

肉料理に合わせるグレイヴィが発達するにはソースの役割についての考え方が変化する必要があり、それには何世紀もかかった。中世末から近代の初めになると、使うスパイスの量に関係なく、ソースの医学的役割よりその味が重視されるようになった。ソースを使う目的が、それまでの「望ましくないものを中和すること」から、「よりおいしくするために加えること」へと少しずつではあるがはっきり変わってきたのだ。

この考え方は、注目に値する例外はいくつかあるものの、現在も続いている。18～19世紀には特にヨーロッパで、ソースをメインディッシュ全体にかけることで料理とソースが一体化する傾向が現れる。時は産業化の時代、家庭のキッチンにおけるソースの材料や作り方にも変化が起こり始めていた。家庭で手作りすることが少なくなり、メインディッシュのソースは特別な機会のご馳走になっていった。ヌーヴェル・キュイジーヌ「フランス語で「新しい料理」の意味。１９６０～70年代に提唱された。ソースにバターや生クリームをあまり使わず、あっさりした味が特徴」の流行以後、伝統的な料理法を学んできたシェフたちは調理した肉から出た肉汁にほとんど何も加えないシンプルなソースをめざすようになった。しかし最近はキュイジーヌ・モデルヌ「フランス語で「現代的な料理」の意味。新しいものの良さと古いものの良さを共に取り入れる」を提唱するシェフたちが新しい形態と技術をとりいれるようになり、ソースはまた複雑なものになってきている。

◉大豆はいかにしてソースとなったのか

もっとも古いソースのひとつと言われるものにジャン（醤）と呼ばれる古代中国の味わい深い調味料がある。これは液体というよりペーストに近い。ジャンというのはソース、ペースト、醱酵させたり漬物にしたりした食品全般を指す言葉である。ジャンの一種であるハイ（肉醤）は塩漬けして干した細切り肉を酒の中で醱酵させたものだったらしい。孔子は『論語』の中で、物を食べるときは必ずその食材に合ったジャンを加えると述べ、ジャンのことを「細かくきざんだ肉その他の食材の入った液体もしくはとろみのある調味料」[1]だとしている。

紀元前1世紀末にこうした調味料で肉の代わりに大豆が使われるようになると、ジャンは大豆を醱酵させたペーストを意味するようになる。中国では3世紀から17世紀まで、この大豆を原料とするジャンがもっとも広く使われる調味料だった。やがて18世紀半ばにはジャンにかわってジャンユー（醤油《しょうゆ》）が使われるようになる。もっともジャンユーという言葉自体はジャンから作る液体を指す言葉として、すでに12世紀には使われていた。醤油にはチンジャン（清醤）というもう

小さい工場で竹製のふたをかぶせた壺で行われる醤油の醱酵。中国。1919年。

少しエレガントな名前もあったが、この言葉も結局のところソースを意味するものだった。

「油」の文字は、本来はオイルそのもの、あるいは固体からしぼったオイル分をふくむ液体を指す文字だが、醤油という言葉に使われたことで意味が拡大した。醱酵した大豆からしぼった液体はオイルのようには見えないが、ここでは「油」はソースの意味なのだ。たとえば18世紀に現れたシャーユー（蝦《えび》油）ともう少し後に登場したハオユー（牡蠣《かき》油）は、どちらもオイルではなく味をつけるためのソースである。[2] 17世紀、中国ではペースト状の調味料より液体のものが好まれるようになったが、これは肉から作ったジャンから大豆を原料とするジャンへの変化と同時期のことである。今では大豆を原料とする醤油が中国料理の主要な調味料であり、食卓調味料としてそのまま使われたり、料理の材料として味付けに使われたりしている。動物性の材料を使ったソースで現在も使われているのはユールー（魚露）と呼ばれる魚醬だけで、起源はそれほど古くない。

●日本の醬油

日本で醬油という言葉が文献に最初に現れるのは15世紀のことで、おそらくその頃に中国の製法が伝わったものと思われる。11世紀に書かれた「源氏物語」には宮廷の宴席で味噌と醬《ひしお》（魚醬と肉醬《しょう》）が食卓調味料として使われたとあり、14世紀からは「たまり」というやはり大豆を原料とする調味料が一般に使われていた。「たまり」と醬油は従兄弟のように近い関係で、製法はほぼ同じである。醬油は原料に小麦を含むが、通常「たまり」は含まないという点だけが異なる。

日本で穀物起源の醬油が広まったのは、同じ頃やはり中国から伝来した仏教の菜食主義の影響かもしれない。醬油は魚、米、野菜を中心とした日本の伝統的な食事に味と色を足した。醬油はまた食欲を増進し、消化を助けると信じられてもいた。17世紀には日本と貿易していたオランダ商人が西洋に醬油を伝えた（「インディア・ソイ」「ソイ」は大豆（ソイビーンズ）から作られた醬油のこと」と呼ばれた）。18世紀になると肉用の調味料としてイギリスと北アメリカの植民地で人気を博し、上品なテーブルセッティングの一部として銀の飾りのついた醬油差しが大流行する。19世紀末には日本の醬油製造業者がアメリカ西海岸への定期的な輸出を開始し、取り引きは20世紀初頭にかけて拡大した。

上：イギリスで醤油の販売に使われた陶器製の壺。1800～1830年。

下：キッコーマン醤油の木製の樽。竹の「たが」でしめてある。販売用に19世紀末から使用された。樽は1965年頃まで使用されていた。

１９６０年代まで、醤油は木製の樽に入れて輸出されていた。１９７３年に当時日本の主要な醤油製造会社「キッコーマン」のオーナーだった茂木家がウィスコンシン州に工場を建設すると、アメリカでの醤油消費量は劇的に拡大する。１９８０年代には、日本人ひとり当たりの醤油消費量は中国の5倍になっていた。[3] しかし近年ではアジアでも西洋料理の人気が高まり、中国や日本での醤油の売上高は減少傾向にある。一方アメリカでは、寿司その他のアジア料理の人気が高まり、売上は伸びている。

●魚醤

魚醤は中国料理ではあまり使われないが、東南アジア諸国の伝統料理では中心的な役割を果たしている。ベトナムのニョクマム、フィリピンのパティス、タイのナンプラー、インドネシアのケチャップ、ミャンマーのンガンビャーイーはどれも魚を醗酵させ、どろどろの液状になったものを濾《こ》して作られる。タイとミャンマーの魚醤は丸ごとの魚を塩漬けして醗酵させたもので、12世紀にはすでに作られていた。タイの最高級のナンプラーはカタクチイワシで作られるが、それ以外の魚や、時にはムラサキイガイも使われることがある。ベトナムのニョクマムにはふつう海水魚を使うが、最近は淡水魚や小エビを使うこともある。中国と日本で魚醤が使われるようになったのは、水と暮らしとの関係がより密接な東南アジア諸国、特に優れた品質の魚醤で知られるベトナムとの貿易が19世紀に拡大した結果であろう。ベトナムのニョクマム生産はおそらく他の東南アジアの国々よりも早く、どこよりも先に産業として発展したと思われるが、文献資料がないため魚醬づくりがいつ始まったか特定できていない。

チャーミングな名前の中国のソース「ユールー（魚露）」は、その名前のおかげで醬油よりもあとから出現したことがわかる。醬油など他のジャンと同時期にできていれば、派生語としては「ユージャンユー（魚醬油）」（つまり魚のペーストからとった液体）とでもなっていたはずだ[4]。

これらの魚醬に共通する特徴のひとつは、日本語で「うま味」と表現される肉のような風味である。「うま味」は「風味のよさ」とか「おいしさ」といった意味だ。米が主食で肉をあまり食べない地域では、たとえソースの肉のような風味が大豆から来るものであっても、その「うま味」が肉の代わりになって、大切なタンパク源である米をたくさん食べられる。このような食事では魚醬と醬油が果たす役割は同一であり、どちらを選ぶかは地域や経済の発展の程度によって変わってくる。要するにおもな原料として何が入手しやすいかで決まるのである。魚が豊富なところでは魚醬が中心となり、大豆がよく育ったり安く手に入ったりするところでは大豆の醬油が優勢になる。日本とフィリピンのレシピでは一方を他方の代わりに使うこともできる[5]。インドネシアのレシピでは、ケチャップという言葉が魚醬を指す場合もあれば醬油を指す場合もある。魚醬も大豆醬油も長期保存がきき、それもこの地域に広く普及している理由のひとつである。

古代の魚醬に言及した文献に一番よく出てくるのはガルムである。古代ギリシアで好まれ、ローマ人もソースの味付けにガルムを使ったようだが、材料についても名前についてもわからないことが多い。進化の過程でガルムとリカーメンが混同され、区別がはっきりしなくなってしまったのだ。

考古学史料から、ガルム——アンフォラ型容器の中で塩漬けにして醱酵させた魚からしぼった液体——は紀元前5世紀にすでにギリシアで売買されており、西暦1世紀から3世紀のあいだにローマで大いに好まれたことがわかっている。ガルムという言葉はある種の魚を指すギリシア語のガロンまたはガロスに由来し、6世紀にギリシアで書かれた農業の手引書『ゲオポニカ』には魚の腸と血を使ってガルムを作るほぼ完全なレシピが記載されている。

1世紀に『博物誌』を書いた大プリニウスは、丸ごとの魚から作ったガルムについて記載し、1世紀のローマの有名な美食家アピキウスの考案だとしている。[6] アピキウスが書いたとされている——実際には4世紀か5世紀に編纂されたらしい——ローマの料理書では、ほとんどのソースのレシピでリカーメンが使われており、ガルムについてはワインと混ぜたオネオガルムと、酢と混ぜたオキシガルムの記載があるだけである。[7] 1世紀のローマの作家コルメラは『農事論』でリカーメンについて記しているが、ガルムにはふれていない。『ゲオポニカ』やその他の書物では丸ごとの魚や魚の内臓や血から作ったソースの名前としてガルムとリカーメンを区別しないで使っている。そして最終的にはリカーメンが魚醬を指す言葉として残った。

最近になって、リカーメンという言葉はギリシア語の名前のついたソースをラテン語化するために使われたのかもしれないという説も出てきた。あるいはローマ人は丸ごとの魚を醱酵させた魚醬をリカーメンと呼び、魚の血を使ったより高級なソースをガルムと呼んだのかもしれない。リカー

ソースの材料をすりつぶしたり混ぜたりした陶製のすり鉢。ローマ帝国。1世紀。

メンは調理場で料理人が材料として使うものなのでやや低級品であり、それに対して比較的高価なガルムは貴族が食卓の調味料として使うものだったのかもしれない。(8)

ガルムまたはリカーメンを使ったローマ時代のソースのレシピでは、それらの魚醬をスパイスやハーブや酢と混ぜて、調理した肉につけるディップやドレッシングを作っている。そうしたソースには、料理本『アピキウス』でソースに必ず使われているコショウをはじめ、ヘンルーダ、タイム、ラベージ、レイザー（セリ科のアサフェティダに似たハーブで西暦50年までに絶滅した）などが使われ、刺激をやわらげるためにハチミツも使われていた。火を通すにしても冷たいまま使うにしても、そのようなソースを作るにはまずコショウとさまざまなハーブやスパイスをすり鉢ですり混ぜ、できたペーストに液体の材料を加える。あるいはハーブやスパイスをペースト状にすりつぶしたものを現代の既製品のスパイスペーストのようにあらかじめ作ってとっておき、必要に応じてリカーメンやワインと混ぜてすばやくソースを作ることもあった。このようなペーストはギリシア語ではヒポトリマ、ラテン語ではモルタリアと呼ばれたが、どちらもギリシアとローマの台所で使われていたすり鉢とボウルを兼ねた道具の名前に由来していた。

６００年以上にわたるギリシア・ローマ時代に魚醬は進化し、名前を変えていったが、ローマ帝国の分裂を迎えてついにヨーロッパから姿を消した。しかしガルムについては、現代になって古代のソースの素朴な味を求める人も現れて一種のルネサンスを迎え、専門的な食料品店などで再び入手できるようになった。１９４０年代の末にアメリカのフードライターＭ・Ｆ・Ｋ・フィッシャーは、当時の雑誌のカラー広告で読者にほほえみかける「マシュマロと野菜のゼリー寄せサラダ」のたぐいが猛威をふるうのにうんざりして、代わりにガルムの素朴さを推奨した。まさに時代に先んじていたわけである。[9] ちなみに彼女のレシピは実にストレートなものだった――塩漬けにした魚を「悪臭をはなつまで」放置しておいてから使用すること、とフィッシャーは書いている。

●ソースの原則

古代のソースの名称について考えることはその時代のソースの使われ方を知る手がかりになるが、ソースに関する現代の語彙について考える手がかりにもなる。ローマ時代の料理書『アピキウス』

に出てくる「コンディーレ condire」は「風味をつける」という意味の動詞で、具体的には調合したスパイスまたはできあがったソースを料理に加えることだった。名詞「コンディトゥーラ condi-tura」は「調味または風味付けするもの」を意味するが、レシピでは調合したスパイスまたは肉汁をソースに加えるという意味で使われることもあった。このふたつの単語に共通する語根からできているのが、できあがった料理に少し足して味を引きたてるソースを意味する英語「コンディメント condiment」と、味を決定づけるのではなく整えるためにソースをパスタ料理に加えるという意味のイタリア語の動詞「コンディーレ（condire）」である。

古代のソースが料理の主材料に含まれていなかったことは明らかだ。それは料理につけるためのディップソースとして別の器で出されており、合わせる肉や野菜の性質とはあえて対立する性質のものだった。中国古代のソースやそれを引き継いだギリシア・ローマのソースは、直接料理に介入して味を調整し、正しい料理にするための手段として用いるものだった。唐代の学者顔師古《がんしこ》は7世紀に書いた書物で、ソースは味の調和をとるものだと宣言し「食べ物におけるジャン（ソース）は軍隊における将軍のようなものだ」と書いている(10)。

古代末期のギリシア・ローマの料理では調和という考え方をさらに一歩進め、ガレノスやヒポクラテスなどの医学者が打ち立てた原則を採用して、ソースと食べ物を正しく組み合わせることで人間の体液のバランスが整うと考えられていた。コショウやこがしたパンのように「熱」の性質をもつ食材と合わせると、牛肉など「冷」の性質をもつ食材の消化を助け栄養を高めると考えられていたのだ。
季節によって食材に合わせるソースも変わった。冬にはショウガのように「熱」の性質の強い食材や「鋭い」味の酢が必要で、夏にはスパイスやワインを避け、レモン果汁やハーブ類が好まれた。「冷」と「湿」の性質をもつガチョウの肉は焼いたパンとニンニクを合わせることでバランスをとり、「乾」「柔」の鶏肉には白ワインとリンゴ酢が必要だった。酢は医学的には「冷」の要素だったが、ソースのベースとして広く使われていた。

中世になっても、ヨーロッパの料理人は多かれ少なかれ食事療法的な考え方をソースに当てはめていた。典型的なのはプラティナの『正しい食事がもたらす喜びと健康 *De honesta voluptate*』（1474年）にある猟肉料理のためのペヴェラータソースで、焼いたパン、コショウ、ワイン、酢を使って生の猟肉の性質をうち消していた。14世紀のイギリスの料理書『フォーム・オブ・カリー *The Forme of Cury*』にも鹿肉のローストに合わせてほぼ同じレシピのペヴェラータソース（コショウ、焼いたパン、酢）が記載されている。中世のソースもメインとなる肉とは別に供されていた。ソースに肉汁を使うことはほとんどなく、調理した肉の上にかけるのが普通だった。どの料理にどのソースを合わせるかは、料理書ではなく食事療法の本が決めることだった。

しかし中世末期になると、医学的な原則とは一致しないことがあっても味を優先する傾向が出てきて、料理書はソースをひとつの独立した項目として扱い始めた。14世紀ミラノの医師マイノ・デ・マイネリ（マグニヌス）はその著作『味覚小論 *Opusculum de saporibus*』の中で、味と食事療法とは両立しないわけではないと説いた。たしかにおいしいソースは消化を助け健康を増進する（もちろんそれが食べ過ぎにつながれば危険である）。それまでソースは医学的原則に合わせて作るものだったが、実際の調理にあたっては往々にして原則に反することも行われていた。たとえばプラティナはペヴェラータソースでは原則を守っているが、「湿」の性質をもつボイルしたマトンと水鳥のレシピでは原則に反することをしている。マイネリは食事療法よりも味を優先することも容認し、特に同時代のフランス料理書の著者たちの支持を集めていた。

マイネリはスパイシーなカラシナを使ったカメリナソースがウサギやチキンのローストに合うと勧めたが、14世紀末のフランスの料理人タイユヴァンは『ル・ヴィアンディエ *Le Viandier*』で子ヤギ、子ヒツジ、ヒツジ、鹿肉にもこのソースを合わせている。中世の末に近づくと、コショウやニンニクを使ったりする古い料理法の一部は、身分の低い農夫の食べ物だという理由で貴族のテーブルでは好まれなくなった。16世紀には料理と医学書の記述との対立が目立ってきた。たとえば16世紀フランスの医学者エティエンヌは、特にカラシナの種子とピクルスと酢を使ったソースなどとんでもないと批判している[11]。しかし最終的には味の好みが医学的配慮にうち勝って、そのようなソースは使われ続け、ヨーロッパの料理書でも広く扱われるようになったのである。

ルネサンス時代の末には、それまでの医学的原則に反して、食材の性質を中和するためではなく味をよくするために使うソースが一般的になり、宮廷でも採用されるようになった。肉から出た肉汁とバターで作る新しいソースは肉本来の味をさらに強めるもので、医学的に推奨されるソースは肉による健康への悪影響を最小限に抑えるために肉の性質を打ち消す調味料を使うものだ。両者の対立はバターソースの圧勝に終わった。18世紀のヨーロッパでは、スパイスを強くきかせて食材の性質を消すタイプのソースを好む人はいなくなり、ローマの医学者ガレノスのとなえた原則は、もともと熱烈に支持されていたわけでもなかったが、ここへ来て過去のものとなったのである。

●酢と初期のマスタード

中国では孔子の時代にはすでに風味食材として酢が使われていた。酢は古代のソースにおいては中心的存在であり、食物の保存剤としても重要な役割を果たしていた。当時のソースの中には現代の食卓でも見かけるものがある。『アピキウス』のレシピには、フライにした魚を保存するには揚げたてを熱した酢にひたすようにと書いてある。[12] この料理はエスカベーシュという名で残り、酢をベースにしたこのソースは、16世紀にスペインの植民地メキシコの植民者たちの宴席で供され、今もユカタン半島で作られている。

マスタードも古くから使われ、酢と混ぜたものは多くのソースのベースになっている。実はマスタードのソースそのものは初めて出現して以来それほど変化していない。古代ローマの劇作家プラウトゥスも博物学者の大プリニウスもカラシナとその種子について記しており、同じくローマの作家コルメラも『農事論 *De re rustica*』で、細かくつぶしたマスタードの種子を酢とすりつぶしたアーモンドや松の実と混ぜて作ったコンディメントソースのレシピを書いている。英語の「マスタード

mustard」にしてもロマンス諸語におけるその変化形にしても語根は「マスト must」で、これは醗酵してないブドウ果汁のことである。この酸味のある液体がのちに酢の代わりにマスタードソースの原料になったのだ。

初期のマスタードソースのレシピではワイン、酢、未熟なブドウその他の果実からとったベル果汁のどれかを使い、風味付けのハーブなども加えていた。そうして作られたソースは中世ヨーロッパでは毎日の必需品となり、その重要性をかんがみて、13世紀パリの役人だったエティエンヌ・ボワロは、家々をまわって酢および酢をベースにしたソースを売り歩くヴィネグリエ（食酢製造販売

ニコラ・ラルメッサン「酢の売り子」1695年。版画。

業者）にマスタードを製造する権利を与えている。14世紀フランスの料理書『ル・ヴィアンディエ』と『パリの家事 *Le Ménagier de Paris*』にはマスタードの作り方とマスタードを材料とした料理の作り方が記載されていた。

17世紀に入ってもフランスでのマスタード人気は衰えず、ディジョンの業者たちは組合を作って業界を支配するようになった。マスタードは乳化する性質があるので酢とオイルで作るヴィネグレットソースに入れる人も多く、また防腐効果もあるのでピクルスに使ってもいい。その長く輝かしい歴史を見ればマスタードはコンディメントソースの王者となっても不思議はなかった（フランスではそれに近い地位を占めている）が、その王座はもっと素早く味に変化をつけるソースにさらわれることになる。

第2章 ◉ コンディメントソース

◉ちょっと味を足す調味料

「入れる、風味をつける、保存する」という意味のラテン語コンディーレ（condire）を語源とし、薬味ソース、あるいは食卓調味料を意味する「コンディメント condiment」という英語は、このソースの基本的な性質とこの言葉の定義の流動性をよく表している。古代ローマのレシピはスパイスをコンディメントとみなし、キケロは著書『善と悪の究極について』［永田康昭、岩崎務、兼利琢也訳。岩波書店。２０００年］の中で「空腹は食事の最高の調味料だ」と書いているが、[1] この「調味料」と訳されているところはラテン語の「コンディメントゥム condimentum」であり、かなり広い意味で使われている。

中世からルネサンス期のヨーロッパではコンディメントは食物を医学的に正しく整えるための一

連の材料だった。ソースはみなこのカテゴリーに入り、ある種の果物や野菜もその役割をになっていた。コンディメントは食物がもつ性質や味とは対照的な要素を加えることで、人間の体液と食物の性質とのバランスを整える。したがってコンディメントは食物そのものとはみなされていなかったが、食物にいつも寄り添うパートナーのようなものと考えられており、その点では広い意味のすべてのソースと同じである。まさにイタリアの料理人ヴィンチェンツォ・コッラードが『粋な料理人 *Il cuoco galante*』（１７７３年）で「ソースは食物ではなくコンディメントである。食物に味をつけたり、元気のない胃腸をよみがえらせたり、舌の味蕾《みらい》を刺激したりするために作られたものだ(2)」と書いているとおりだ。

またコンディメントソースは旅先に持っていっても安心して使える調味料としても人気を博した。これはヨーロッパ諸国の大航海時代から植民地時代の船乗りにとって大切なことだった。19世紀には多くのコンディメントソースが商品化された。ニコラ・アペールが１８０９年に缶詰にして食品を保存する技術を考案したおかげで、それまで家庭で作られていた多くのコンディメントを工場で大規模に製造することが可能になったのだ。

今日のコンディメントソースの多くは、昔のコンディメントと同じように食物の味や食感や見た目を対照的なもので打ち消す役割をはたし、あいかわらず脇役扱いされている。要するにコンディメントは、これから食べる料理にちょっと味を足すのである。料理を食べる人は、コンディメントソースを使ってその料理を自分の好みに合うように変えることができる。ソースも料理の一部としてシェフみずから皿に飾る高級レストランではそうはいかないが、家庭料理やカジュアルな店ならまったく問題はない。

●ケチャップ

アメリカのコンディメントソースで一番わかりやすいのはおそらくケチャップだろう。アンドルー・F・スミスはケチャップを「調理場のエスペラント語」と呼び、「トマトケチャップほど国や地域の料理の伝統をやすやすと超越したソースやコンディメントはないだろう[3]」と語っている。

トマトケチャップはアジアから紆余曲折を経てアメリカへやってきた。まず「インディア・ソイ」と呼ばれるものがあった。これはインド在住のイギリス人コックが現地の醱酵調味料をまねて自己流で作ったソースを17世紀以後イギリスに持ちこんだものである。また語源的に見れば、英語の「ケチャップ」はインドネシアのソースを指す「ケチャップ」に由来すると思われる。このソースはイスラム支配下のスペインで作られていた酢をベースにしたソース「エスカベーシュ」に似ており、「エスカベーシュ」は酢漬けを意味するアラビア語の「イスケベイ」から来ている。酢と強烈なスパイス（トマトではない）を大豆や魚から作った「インディア・ソイ」と合体させたものが18世紀イギリスのケチャップだった。

エリザ・スミスが著書『完璧な主婦 *Compleat Housewife*』（１７２９年）で紹介したレシピによれば、酢と白ワインにアンチョビ、メース［ナツメグの皮で作る香辛料］、ショウガ、クローブ、コショウ、

Geo ワトキンスのマッシュルームケチャップ。今もイギリスで販売されている。

ホースラディッシュ［セイヨウワサビ］を入れて沸騰させたものを瓶に詰め、コルクで栓をして1週間以上ねかせるとできあがる。東南アジア起源の「うま味ソース」と同じく、イギリスのケチャップも必ずしも原料に魚を含んでいたわけではない。このケチャップはおもに肉料理の風味付けに添えられたり、グレイヴィのかわりに使われたりした。また、それ以前からあった他の醱酵ソースの保存性のよさという利点を引き継いでいた。エリザベス・ラフォールドは1769年に「7年間保存できるケチャップ」のレシピを発表し、そのレシピで作ったケチャップは東インド諸島までの旅にも十分耐えられる[4]と書いている。

19世紀末のケチャップ人気のカギになったのは、応用がきくという点だった。マッシュルームとクルミのケチャップ（アンチョビは入れても入れなくてもいい）は、19世紀初めにトマトを入れるレシピが登場するまでは一番人気だった。イギリス人はお気に入りの醱酵調味料ケチャップをアメリカの植民地に伝え、アメリカでもリチャード・オルソップの『世界のレシピ帖 *Universal Receipt*

Book』（1814年）やメアリ・ランドルフの『ヴァージニアの主婦 *The Virginia Housewife*』（1824年）などの料理書に、マッシュルームやクルミやトマトを使うケチャップのレシピが登場するようになった。

当時のイギリスの文献には「catchup」「calchup」「catsup」などケチャップを指すさまざまな表記が見られた。『料理人の神託 *The Cook's Oracle*』のアメリカ版（1822年）でウィリアム・キッチナーはマッシュルームケチャップを半分になるまで煮つめる「最高のケチャップ」を紹介し、それを「ダブル・ケチャップ（Double Cat-sup）またはドッグ・サップ（Dog-sup）」と呼ぼうと言っている。スペルにある「cat ネコ」にかけて「dog イヌ」を使った駄じゃれだが、このレシピを忠実に採録したN・K・M・リーの『クックス・オウン・ブック *The Cook's Own Book*』（1832年）ではタイトルの「マッシュルームケチャップ」に「Ketchup」のスペルが使われていたので残念ながら駄じゃれは通じなかった。

アメリカでは醗酵ケチャップの人気は20世紀初頭には衰えたが、イギリスには今でもクルミとマッシュルームのケチャップを好む人々が少数ながらいる。19世紀の多くのコンディメントソースと同じように、ケチャップを手作りする家庭はアメリカでもイギリスでも20世紀の終わり頃までは見られたが、今はもうそういう話は聞かない。

濃縮されたトマトケチャップは、ハンバーガー、ホットドッグ、フライドポテトなどが軽食として広まった20世紀になって初めて普及した。現在商品化されているケチャップはいろいろな種類が

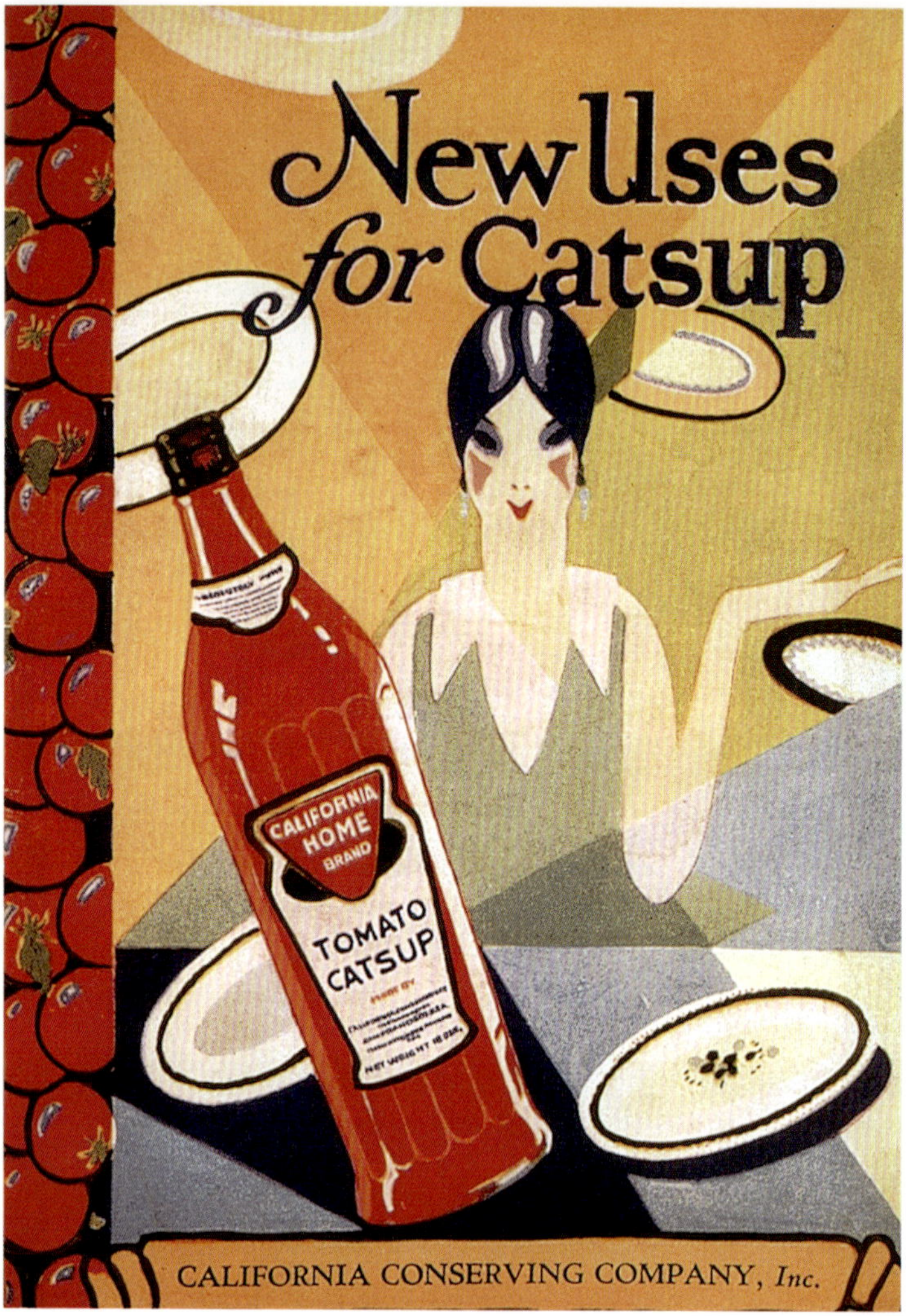

カリフォルニアホーム・ブランドのトマトケチャップ（スペルが catsup になっている）。20世紀初頭にカリフォルニア州アラミダで製造された。このメーカーは1946年に別のケチャップおよびコンディメント製品製造会社ハントブラザーズと合併した。

あった初期のものとは異なり、濃度も原料も用途も一様で区別がつかない。

アメリカで本格的に工場での瓶詰めが始まったのは1820年代のことで、1876年にはヘンリー・J・ハインツ社が、今では誰もが知っているケチャップの販売を始めた。1980年代には小袋入りのひとり分の商品とプラスチック容器が導入された。世界一の人気を誇るハインツ社のトマトケチャップの味はアメリカでは誰もが馴れ親しんだ味であり、消費者はなかなか他の味を試す気にはならない。多分そのせいだろう、1990年代に発売されたサルサケチャップは見事に失敗した。トマトケチャップで大成功しているだけに、なんとかその新製品を出したいハインツ社は、2000年に緑と紫のケチャップを発売したが、やはり失敗している。これは容器を手で押せば出てくる子供のお絵かき用の商品で、ピンク、オレンジ、青緑、青と続いたが、最初はめずらしさからとびついた消費者もあったものの結局すぐに飽きられ、2006年には姿を消した。つまり、ケチャップを好きなのは子供だけではなく、「子供のためだけに別のケチャップをもうひとつ買うのはちょっと……」と思う親の気持ちをハインツは読めなかったのである。

こうした作戦でトマトケチャップのイメージを一新し、販路を広げようとしたハインツに対し、市場アナリストは我慢を勧めている。「スパイス、エスニックソースなど、すでにこの市場は無数の商品であふれかえっている。その中で、ハインツのトマトケチャップは変わるべきではない。ソースの世界のコカコーラをめざすべきなのだ(5)」。世界中のさまざまな場所で、トマトケチャップにカレーやスパイスの風味を加えた独自のフレーバーソースが作られている。しかしアメリカでは、トマトケチャップはシンプルであることがルールなのだ。

◉マヨネーズ

フライドポテトにつけるソースとしてはたしかにケチャップが広く浸透しているが、世界中どこでもそうだというわけではない。イギリスのフィッシュアンドチップスの店では麦芽酢（モルトヴィネガー）や粘り気のあるＨＰ《エイチピー》ソースを出すし、フランス人はマヨネーズやニンニクマヨネーズをつける。カナダにはフライドポテト、グレイヴィ、チーズカード［生乳に凝乳酵素を加えてできた固

カナダの名物スナック、プーティン（フライドポテト、グレイヴィ、チーズカード）。

形分で、チーズを作る素になる。カテージチーズに近い」という絶妙の組み合わせの名物、プーティンがある。

ベルギー人は自分たちが17世紀にフライドポテトを発明した元祖だと主張しているが、ポテトにつけるコンディメントソースに関しては間違いなくチャンピオンだ。フライドポテトを売るスタンド（フリットコット）ではだいたい15種類以上のソースを提供しており、多くはマヨネーズをベースにしたものである。特に人気が高いのはケチャップ、カレーケチャップ、アンダルーズソース（マヨネーズ、トマトペースト、タマネギ、レモンジュース）、アメリケーヌソース（ケチャップとマヨネーズ）、サムライソース（マヨネーズとアリサ）だ。なお、サムライソースに使われるアリサとは、チリペパー、パプリカ、オリーブ油で作る北アフリカのソースである。

マヨネーズは19世紀にフランスで生まれた古典的なソースだが、応用がきくので世界中のコンディメントソースに使われている。今も自家製のディップやスプレッドを作る材料として人気があり、ニンニクを入れればフランスのプロヴァンス風アイオリソース、赤トウガラシとニンニクを入れればブイヤベース用のルイユになる。

マヨネーズの商品化は、１９０７年にアメリカのフィラデルフィアでデリカテッセンの店主が妻のレシピを使って「ミセス・スカラーのマヨネーズ」を売り出したことに始まる。[6] 続いて１９１２年、ニューヨークでリチャード・ヘルマンが自分のデリカテッセンでマヨネーズを売り出した。この製品はのちにヘルマンのブルーリボンマヨネーズとして広く売り出され、１９２３

年にはヘルマンは世界最大のマヨネーズ会社になった。１９３０年代にはクラフト社が瓶詰めのマヨネーズを発売、さらに１９３３年にはマヨネーズとサラダドレッシングを合体させた「ミラクルホイップ」を売り出した。

　日本で最初にマヨネーズを売り出したキューピーは１９２５年の創業で、その「極《ごく》うま」な品質で日本国外でも食通から突出した評価を得ている。キューピーマヨネーズは全卵ではなく卵黄だけを用い、米酢とグルタミン酸ソーダを使っている。２０１１年にブルックリンで創業したエンパイアマヨネーズ社は、ブラックガーリック、スモークパプリカなど常に多くのフレーバーを用意

1939年のニューヨーク世界博覧会におけるクラフト社の広告。

レイゼンビーの「シェフ」ソースのポスター。19世紀末。左下にハーヴェイズソースの瓶があるのに注目。

しており、「ぜいたくなマヨネーズ」が売りである。

クリーミーなマヨネーズの対極にあると言えるのが、初期のケチャップでも高く評価されていた刺激的な味をもつ、イギリスのピリ辛コンディメントソースである。ロンドンの料理人リチャード・ドルビーの『コックの辞典 *The Cook's Dictionary*』（1830年）には大豆、クルミのピクルス、アンチョビ、酢、カイエンヌペパーを使って作るハーヴェイズソースのレシピが載っていたが、このソースはすでに1815年に「ハーヴェイズフィッシュソース」の名でレイゼンビー社が商品化していた。レイゼンビー一族はそのソースのレシピをハーヴェイという男から買い取ったと主張し、商標登録したその名前を使おうとする他の業者を告訴した。ハーヴェイズソースという名称がソイソースやケチャップのように一般的な名称なのかそれともレイゼンビー社が所有する商標なのかという議論は、1870年、イギリスの裁判所が「オリジナル・ハーヴェイズソース」の名称とレイゼンビーの名を使用しない限り、誰でもハーヴェイズソースを製造販売する権利があると裁定したことで決着した。(7)

◉ウスターソース

ハーヴェイズソースとほぼ同じ頃に同じような材料で作られたウスターソースは、どうやらインドとつながりがあるようだ。インドがまだイギリスの植民地だった1830年代、元ベンガル州総督のマーカス・サンズ卿が英国のウスターシャー州ウスターを拠点とする食品製造業者リー＆ペリン社に材料のリストを渡し、自分好みのインド風ソースを作るよう依頼した。このときの材料リストにあったのはおそらく大豆、魚とスパイス類だったと思われる。最初にできあがったソースは「周囲の誰もが涙を流した」ほどに刺激が強かったが、容器に入ったまま放置され忘れられているあいだに醱酵と熟成が進み、刺激がやわらいでとてもおいしいコンディメントソースになった(8)。

1835年にウスターの工場で製造が始まったウスターソースは大成功をおさめ、世界中に――〝本家〟のインドにも――輸出されるようになった。現在は酢、アンチョビ、タマリンドなどの甘味材料、スパイスを材料としている。これもまた驚くほど人気の高い魚系のソースであり、同社は魚を使わないベジタリアン仕様のソースを作ったことは一度もない。

◉広東と日本のソース

広東地方のソース類は大豆と魚貝類を材料とするもので、茶色系コンディメントソースの一種で

リー＆ペリンズのウスターソース

ある。甘くスパイシーなホイシンソースは漢字で書けば「海鮮醬」だが、魚が入っているわけではない。材料は大豆、酢、砂糖、ニンニクなどで、北京ダックによく添えられている。1945年発行のある中国料理の本にはパール・バックの序文がついているのだが、これがホイシンソースについて最初にふれた英語の本である（ホイシンソース自体はずっと前からあった）。このソースは広東語で「ホイシンジャン」、北京語で「ハイシンジャン」といい、いわゆるジャン（醬）の一種である。(9) 牡蠣のゆで汁と大豆醬油を煮詰めてとろりとさせたオイスターソースも甘みと刺激がある。ホイシンソースもオイスターソースも今では商品化されてどこのスーパーの棚にもあり、炒めものなどに使われている。

醬油と柑橘類の果汁などで作られた日本のポン酢醬油は、刺身その他の魚料理や肉料理に使われるディップソースであり、19世紀末から使われ始めた。醬油とみりん（米からできる甘い酒）で作る照り焼きソースで味をつけた肉のグリルは19世紀末に東京のレストランのメニューに現れ、製品としての照り焼きソースは1965年にハワイで最初に作られた。焼き鳥にもこれによく似た醬油ベースのソース——醬油とみりんと砂糖を混ぜたもの——が用いられる。

◉イギリスのソース

果物のフレーバーをつけたイギリスのコンディメントソースは、インドのチャツネからヒントを得たのではないかと思われる。フルーティーでなめらかなイギリスのソースは、いくぶん食感は違うにしてもチャツネと同じような材料を使っているからだ。1850年代に人気があったタップスソースは酢、グリーンマンゴーのスライス、トウガラシ、ショウガ、ニンニクという強力なラインアップの材料を合わせ、少なくとも1か月ひなたで熟成させて作った。OKソース（今はOKフルーティソースと呼ばれている）はもっと甘く、トマトと何種類かの果物が入っている。このソースは1920年代にメイソンズ社が製造し、その後1960年代にはコールマンズ社が作っていた。1980年代以後はあまり見かけなくなり、今はおもにテイクアウトの中華料理用のソースとして使われている。

HPソース（国会議事堂 Houses of Parliament のレストランで出されていたとの噂から、頭文字をとってこの名前がついた）は、茶色系のソースの中では薄いウスターソースと粘度の高いトマトケチャップの中間ぐらいの濃さだが、アンチョビ以外の材料はウスターソースとだいたい同じである。1903年にバーミンガムで最初に製造され、今はハインツ社のブランドになっている。材料にはトマト、酢、デーツ、タマリンドが含まれ、ソーセージやベーコンサンドイッチとよく合う。イギリスとカナダの英語圏にはHPソースの熱烈な支持者がいて、軽食店で好まれるコンディメントソース・ナンバーワンの座をトマトケチャップと争っている。ただし、最近ハインツ社が工場をイギリス国外に移すとともにソースの塩分を減らすと決定したことには消費者が反発している。おいしいけれど油っこいイギリスの朝食には、HPのような甘酸っぱいソースをたっぷりかけなければ物足りないだろう。

イギリス人のソースに対する熱愛は、日曜日に食べたローストビーフの残りを細かく切って料理したり、サンドイッチの具にしたり、冷肉料理にしたりして1週間食べ続ける中産階級の家庭の伝統からきたものである。風味がよくピリッと刺激的な各種のソースは残り物の肉をよみがえらせ、単調になりがちな食事に変化をつけ、消化を助けてくれるのだ。

◉マスタード

19世紀イギリスの庶民的な肉料理のレストランでは牛肉や豚肉の料理に必ずマスタードを添えた。しかしヨーロッパでは、小麦粉とデンプンを製造していたノリッチ［イングランド東部］のコールマン社が1830年にイギリス製マスタードを世界中に輸出し始めるよりかなり前から、既製品のマスタードが存在していた。フランスではすでに13世紀からヴィネグリエという行商人がディジョンの既製品のマスタードソースを売り歩いており、16世紀には酢と混ぜてマスタードソースを作る材料を固めた平らな錠剤が薬局で売られていた。フランスではマスタードはごく一般的なソースだったので、フランソワ・ラブレーの『パンタグリュエル物語』（1532年）にはマスタードをつけて豚肉を食べるシーンがある。また『ガルガンチュア物語』（1534年）でも、巨人ガルガンチュアがたくさんのハムとソーセージを口にほうりこみ、召使いたちがシャベルを使って彼の口にマスタードを入れるという忘れられないシーンが出てくる。

16世紀、グロスターシャー［イングランド］のマスタード製造会社チュークスベリーは、マスタードのペースト（酢と混ぜるためのもの）の荷をいくつか船便でロンドンその他の商業地域に送りこんだ。さらにマスタードシードを乾燥させる技術の進歩によって1720年には初めて粉末のマスタードが完成した。チュークスベリーがマスタードで有名だったことはシェイクスピアの作品からもわかる。『ヘンリー4世第2部』（1597年）に、ある登場人物の頭は「チュークスベリーのマスタードと同じくらい愚か（thick）だ」（第2幕第4場）とフォルスタッフが言うセリフがあるのだ［thickには「愚か」の意味と「濃い」という意味がある］。

17、18世紀には、フランスのマスタードはバニラ、花、スミレ水など多様なフレーバーを誇り、ヨーロッパで大人気だった。19世紀のイギリスのマスタードは、比較的マイルドな刺激のシロガラシ（学名 *Sinapis alba*）の種子と刺激の強いブラシカ（学名 *Brassica*）属カラシナの種子をブレンドすることでさらに鮮明でスパイシーな味になり、粉末で売られることが多かったのでコンディメントというよりスパイスのように扱われた。

既製品のマスタードソースはフランスをはじめ西ヨーロッパの国々で好まれていた。19世紀末のアメリカとイギリスの業者は粉マスタードも「出来合いの」マスタードも取り扱っており、今もイギリスでは粉マスタードが広く見られる。1871年、アメリカのハインツ・アンド・ノーブル社（ヘンリー・J・ハインツが最初に作った会社だが、長続きしなかった）がブラウンマスタードソースを製造ラインに加えた。(10) 今アメリカで一番人気があるのはフレンチ社のイエローマスタードである。最初は「クリームサラダマスタード」として1904年に売り出されたこの商品は、ターメリックで鮮やかな黄色に染められている。

イギリスのマスタードはローストやボイルした肉に合わせることが多いので、肉の味を引き立てるために味が濃い。既製品のマスタードソースにホースラディッシュを加えて辛みを足すこともある。それに対してアメリカのマスタードはよりマイルドで、ホットドッグやプレッツェルなどの軽食に合う。フランスのマスタードは、ボルドーのマイルドなものから粒々が見えるモーのムタルド・アランシエンヌ（昔風マスタード）、涙が出るほど辛いディジョンタイプまでさまざまである。ディジョンのマスタードはタラゴンやエシャロットを混ぜて少しマイルドにすることもできる。

1853年創業のグレイプーポン社（現在はクラフト社が所有している）のマスタードは、1889年にパリで開催された万国博覧会で賞を獲得したが、グレイプーポンだけが優れたマスタードを作っていたわけではない。19世紀のパリのマスタード業者マイユとボルニビュスはディジョンのマスタードの隆盛に対抗し、トリュフやアンチョビ、タラゴンで風味を付けたり、エレガントな淑女向けに上品なシャンパーニュ風味のマスタードを考案したりした。

名前は似ているがイタリアのモスタルダ・ディ・フルッタ（フルーツマスタード）は他のヨーロッパ諸国でいうマスタードとはまったく別のものである。これはスパイス入りのシロップに果物を漬けこんだものであり、薬味やチャツネに近い。エミーリア＝ロマーナ州のクレモナが有名な生産地で、ボイルした肉の料理に添えられることが多い。モスタルダの名は昔のレシピで使われていた醱酵前のブドウ果汁「モスト」に由来し、その意味ではマスタードと共通点がある。

マスタードのバラエティー6種。左上から時計まわりに：白カラシの種子、乾燥した粉マスタード、バヴァリアンスイート、黒カラシの種子を使った全粒フレンチマスタード、ディジョンスタイル、アメリカンスタイル・イエロー。

15世紀にマルティーノ・ダ・コモが『料理術 *Libro de arte coquinaria*』に書いたモスタルダのレシピは、前述した1世紀のローマの作家コルメラのものとほとんど同じで、水にひたしたカラシナの種子をアーモンドとともにすりつぶし、ベル果汁（未熟で醗酵してないブドウ果汁）または酢と混ぜるものだった。クリストフォロ・メッシブーゴの『新しい本 *Libro novo*』（1557年）には2種類のレシピがあり、一方はすりつぶしたカラシナの種子に砂糖やスパイス類を混ぜるもの、他方は酢にひたしたカラシナの種子とリンゴを酢で煮るもの――どちらもいわゆるマスタードのレシピとはずいぶん違うが、果物を使う薬味とも異なる――だった。バルトロメオ・スカッピの『著作集 *Opera*』（1570年）には一般的なマスタード（イタリアでは「フランスのマスタード」と呼ばれることもある）のレシピと、ブドウ果汁とマルメロにカラシナの種子とスパイス類を加える「甘いマスタード」のレシピがある。[11]

1837年にイッポリート・カヴァルカンティが彼の料理書に書いたマスタードのレシピには、黒ブドウを静かにゆっくり煮詰めてからリンゴ、オレンジの皮、シナモン、クローブ、砂糖を加える（奇妙なことにカラシナの種子は加えない）と書いてある。[12] 18、19世紀の辞書は、モスタルダについては未醗酵のブドウ果汁、カラシナの種子、酢を混ぜて熱したものという昔の定義を保持し、フルーツソースである「クレモナのモスタルダ」はその地域のスイーツとして別に扱っている。

ホースラディッシュは植物としてはマスタードと同じ科に属し、同じように世界中に広まっており、肉や魚に合わせる多くのソースの基礎になっている。ホースラディッシュ（学名 *Armoracia rus-*

ticana）を意味するスラブ語の「フレン chren」は、フランス語「レフォール raifort」やスウェーデン語の「ペッペロット pepperrot」のような西ヨーロッパの言葉よりも前から存在した。つまり野生のホースラディッシュは東ヨーロッパがふるさとなのだ[13]。

16世紀のドイツでは、ホースラディッシュの根を細かく砕いて酢と塩をまぜたものを薬用と食用に用いていた。18世紀のイギリスとアメリカの料理書ではホースラディッシュのソースはおもに魚料理に使われていたが牛肉やヒツジ肉にも使われ、19世紀のイギリスでは牛肉とホースラディッシュの組み合わせが主流となっていた。

アメリカへはヨーロッパからの移民の手で持ちこまれ、ホースラディッシュを酢とまぜたソースは19世紀初頭のアメリカの自家製コンディメントソースとして、特にイギリス、ドイツからの移民に好まれた。ニューヨーク州バッファローの名物サンドイッチ「ビーフ・オン・ウェック」のロールパン（皮に塩とキャラウェイシードをまぶしたキュンメルウェックというパン）とトッピングのホースラディッシュはドイツからの移民がもたらしたものだ。１８６０年代には、ハインツがホースラディッシュを透明なガラス容器に入れて売り出した。混ぜ物や粗悪品を色つきの容器でごまかしているのではないかと疑われないためだった。当時はまだコンディメントソースを家庭で手作りすることが多かったが、安全で信頼できる商品ならば消費者は既製品でも買うだろうと考えたのだ。

タバスコソースの５種のフレーバー

◉辛いソース

1868年、ルイジアナ州のエイヴァリー島で、エドワード・エイヴァリー・マキレニーが酢をベースにしたトウガラシソースであるタバスコの製造を始めた。もっとも似たようなソースはメキシコのタバスコ州で早くも1650年代には作られていたようだ。マキレニー社が1870年に商標登録したタバスコソースは今や世界110か国で販売されており、グリーンのハラペーニョやハバネロなど種類も7つに増えている。タバスコは世界のすみずみまで行きわたっているが、アメリカらしさは失われていない。「ソース界のコカコーラ」選抜選挙にホットなソース部門があればタバスコが選ばれるだろう。ファストフードからカクテルや生牡蠣まであらゆるものに使われているのだから。

一方、「ソース界のレッドブル」と呼ばれるのが

ハリッサソース。北アフリカ料理によく使われるスパイシーで特にコショウがきいたコンディメント。

スリラチャソースである。[14] ニンニクがきいた濃いチリソースで、タイの海岸沿いにあってチリソースで有名なシラチャ郡の名をとっている。商品としてのスリラチャ（ラベルに緑の雄鶏が描かれているため「雄鶏ソース」とも呼ばれる）は1980年にベトナムから移住した男性がカリフォルニアでフイ・フォン・フーズ社を設立したことに始まった。タバスコもスリラチャも食卓用コンディメントとして広く使われており、支持層は異なるがどちらにも熱烈なファンがいる。タバスコは辛いソースの「本家本元」のイメージで、スリラチャは新参者である。最近ではスリラチャも自分のイメージを広げようとし始め、フイ・フォン・フーズ社は、「わが社のチリソースはアジア料理専用のソースからあらゆる文化圏のためのホットソースへと変貌をとげつつある」と宣言している。[15]

しかし、フイ・フォン・フーズ社がめざす目標にもっと近いのは、長い歴史があり、着実に世界進出を果たしてきたハリッサ（フランス語の発音はアリサ）のほうかもしれない。トウガラシとニンニクと油で作るこの北アフリカのコンディメントは、辛さと鮮やかな色をもつ点でタバスコ、スリラチャと共通している（ただし濃度が高くペースト状である）。リビア、チュニジア、アルジェリアで広く見られ、モロッコ、フランス、ドイツに広がり、さらにアメリカの食通のあいだでも知られるようになった。このソースは肉料理のコンディメントとして使われたり、スープやシチューの材料として使われたりする。

ハリッサの起源はおそらく16世紀にスペイン人とポルトガル人が北アフリカにトウガラシを持ちこんだときにさかのぼる。実はビザンチン帝国の時代からアラブ世界で食べられていた北アフリカ料理もハリッサと呼ばれていた。こちらは細かくつぶした肉と水につけてふやかした穀粒をじっくり煮たものである。[16] ふたつのハリッサは、どちらも伝統的にすり鉢を使って作ることと、肉のハリッサ（ハリサとも呼ばれる）にはスパイシーなハリッサソースがつきものであることでつながっている。

◉メキシコのソース

メキシコのサルサもディップ、コンディメント、食材として広い用途に使われている。1990年代以降のアメリカで熾烈な競争を繰り広げている好敵手のケチャップと同じく、サルサも市販品の種類はすっかり減って今では1種類だけ、トマト、タマネギ、コリアンダー、ハラペーニョがゴロゴロ入ったソースしかない。メキシコではサルサは単にソースという意味であり、生のトマトのコンディメントはサルサ・メヒカーナまたはサルサ・クルーダ（生のソース）と呼ばれていた。「ピコ・デ・ガヨ」（雄鶏のくちばし）という名前もあるが、これはおそらくメキシコの影響を受けたテキサスで生まれた言葉だろう。[17] メキシコ国内から次第に他の国のメキシコ料理店にも広まったその他のサルサには多くの種類があり、煮たトマト、トマティーヨ（オオブドウホオズキ）、緑色で小さくやわらかいシラノペパーから激辛のハバネロまでさまざまなトウガラシが使われている。

1947年、テキサス州サンアントニオのペースフーズ社がアメリカで初めてサルサを商品化し、ペースピカンテソースとして売り出した。1988年、同社はもっと濃くて具の多いサルサ（今ではペースピカンテといえばこのタイプである）を市場に投入した。一連のメキシコ風ソースに用いられるサルサの名称には、さらりとなめらかなピリ辛ソースも含まれており、１９９０年代に発表された「サルサのアメリカ市場での売り上げはケチャップの売り上げを超えた」というコメントを理解するうえでは、このことを忘れてはならない。市場調査を行ったパッケージドファクツ社は、メキシカンソース全体（サルサ、エンチラーダ、タコその他類似のトウガラシベースのソース全般を含む）での１９９１年の売り上げが６億４０００万ドルで、ケチャップの６億ドルを超えたと発表したのである。[18] １９９２年にはアメリカ人のメキシカンソースの購入高はケチャップの2倍になっていた。[19]

このニュースは当時大きな話題となり、今もラテン系移民の増加によりアメリカ文化のラテン化が進んだ証拠として語られることがある。しかし市場調査は、たいていのアメリカ人が「サルサ」と聞いて思い浮かべる濃くて具の多いソース単独の売り上げを調査したわけではない。しかも、このよく引用される主張への反論が語るように、ケチャップを常備している家庭（アメリカの家庭の97パーセント）のほうがサルサを常備している家庭（51パーセント）より多いのだ。[20] それに1オンスあたりの価格はケチャップのほうがサルサより安い。金額でなく量でくらべれば、アメリカ人はサルサよりケチャップを多く買っているのである。

それでも「サルサがケチャップに取って代わった」という言説がアメリカ文化に与える暗黙の意味は重大で、その根拠がまったく信頼できないものだったとしても、簡単には打ち消すことができない。アーリーン・ダーヴィラはアメリカのラテン化に関する著書で、「サルサがケチャップに勝利をおさめつつある」現象を、アメリカ全体がラテン文化受容の方向に向かっていることの根拠としてあげ、また「ヒスパニック文化の市場はヒスパニック系住民だけに限られている」という想定に疑念をいだく根拠ともしている。[21]

1995年、「英語をアメリカの公用語とする」という「英語オンリー」法案を成立させようとした議員たちの動きに対し、グアムから送られたある代議員は「アメリカはケチャップを国のコンディメントとすることで、ネイティブでないサルサ（とソイソース）の侵略に警告を発したのだ」と冗談まじりに指摘した。[22] たしかに、市販のサルサは今やメキシカンフードの枠を超えてどこでも見かける商品となり、フレッシュなサルサは健康的な低脂肪食材として多くの料理に使われている。

第3章◉フランス料理のソース

　フランス料理のソースはそれだけでソースの一分野をなす。フランスのソースは、それがオートキュイジーヌ（高級料理）に占める位置からも、他国の料理に与えた影響の面からも重要である。20世紀のフランス人シェフでありフードライターでもあるキュルノンスキーは「ソースはフランス料理を輝かせるもの、フランス料理の誇りである。ソースのおかげでフランス料理は現在の高い地位を獲得し、それを保っているのだ」と語っている。[1] まさに巨匠とも言うべきオーギュスト・エスコフィエも「ソースは料理の根底をなす要素である。ソースがあるからこそ、フランス料理は世界の料理の頂点に上りつめ、今もそこに立っているのだ」と言い切っている。[2]

　オートキュイジーヌの世界を支配したフランスの古典的なソースは19世紀に完成を見たが、そもそもは中世のソースから発展したもので、その後何世紀もかけてスタイルや技術を変化させつつ形づくられたのだった。フランスのソースの世界は見事に作り上げられた一枚岩の構造をもち、酢をベースにしたソースからバターのきいたクリームソース、香りを楽しむアロマティックソースまですべてを内包している。

◉酢をベースにした中世のソース

現在のソースが完成するまでの道のりは、酢またはベル果汁（酸っぱい果汁）とスパイスで作られていた中世のソースから、肉汁や脂肪に小麦粉を混ぜてとろみをつけたソースへの変化から始まる。17世紀にエリートのために料理したフランス人コックは、ソースのレシピにあったスパイスをジャン＝ロベール・ピットの言う「アロマート・フランセ（フランス風香料）」つまり新鮮なハーブ（特にタラゴン、チャービル、タイム）、エシャロット、マッシュルーム、ケイパー、アンチョビに変えた。この変化によってフランス料理は他のヨーロッパ諸国の料理との違いを確立したのである。ラ・ヴァレンヌの『フランスの料理人――17世紀の料理書』（1651年）［森本英夫訳。駿河台出版社。2009年］は、さらにいくつかの重要な革新をソースにもたらした。ブーケガルニを香り付けに使うこと、小麦粉と油脂でソースにとろみをつけること（それまではパンをつなぎに使っていた）、それに酢ではなく油脂をベースにしたソースを主流にしたことである。ラ・ヴァレンヌはソースを煮詰めて濃くする方法も用いたが、これはもう少しあとになってから普及する。

バターと小麦粉のルーを使うソースへの変化は少しずつ進み、近代に入ってもソースから酢が完全に姿を消すことはなかったが、酢の強い香りをやわらげるためにスープストックやオイルが使われた。ベル果汁や酢をベースに使うソースの人気は18世紀になっても衰えることはなく、このほとんど中世風のソースのいくつか——ラヴィゴットソース（酢にハーブとマスタードと少量のオイルを入れたソース）、グリビッシュソース（固ゆで卵、酢、ピクルスで作るガーニッシュソースで冷肉、魚、エビ、カニ料理の付け合わせにする）など——は、今も残っている。酢をベースにしたソースはバター風味でなめらかな近代的なソースとは対極にあるものの、刺激的な醱酵調味料としてスタートしたソースの伝統を受け継いでおり、今もオートキュイジーヌの一角を占めているのである。

フランスの保守的なビストロではグリビッシュソースを子牛の頭や脳の料理に添える。もう少し現代的な使い方なら、カリフォルニアのレストラン、フレンチランドリーのシェフ、トマス・ケラーは詰め物をした豚の頭や豚の足にグリビッシュソースを合わせている。ミシュランの三つ星シェフ、ヤニック・アレノはパリにある彼のビストロ、ル・テロワール・パリジャンで、「ヴォ・ショー」——子牛の頭を使ったソーセージにホットドッグのようにグリビッシュソースを添えたもの——を出している。

ラ・ヴァレンヌは前記『フランスの料理人』の献辞に「この作品はソースの宝箱」であると記し、ソースはフランス料理の中核だとまで書いている。ラ・ヴァレンヌの意見に共鳴し、その著書の重要性を認めたモリエールは、戯曲『女房学校是非』〔『女房学校他二篇』所収。辰野隆・鈴木力衛訳。岩波文庫。1957年〕の中で、理論を絶対視して演劇の批評をすることに反対の立場をとる登場人物ドラントに「あるソースをすばらしいと思っているのに『フランスの料理人』の原則にしたがっておいしいかどうかを決めようとする男のようだ」と言わせている。[3]

それでもラ・ヴァレンヌはソースにひとつの章を割いてはいない。しかも名前をあげられているソースはソースヴェルト（酢と未熟な緑の麦）、ソースポワヴレード（酢とコショウ）、ソースロベール（ベル果汁とタマネギ）などごくわずかだった。簡単なレシピを添えた肉とマッシュルームのソースも少しはあったが、ほとんどの液体ドレッシングはどれも「ソース」とか「ラグー」とかの名で料理の材料に含まれていた。ただし猟肉料理も含む肉料理全般に用いるソースだけは特に項目として採りあげてあった。肉のロースト料理はいろいろあっても、それに添えるソースの種類はほんのわずかで、どれも酢とベル果汁と柑橘類の果汁のひとつかふたつをベースにしたものばかりだったからだ。

スパイスを強くきかせたソースがあまり使われなくなったのは、ソースに対する考え方が、主役の肉などがもつクセを隠したり打ち消したりするものから、料理の味を引き立てるものへと変わってきたことを意味する。ラ・ヴァレンヌとフランソワ・マシアロが、肉のローストはその味を最高に引き立てるソースとともに供するべきだと著書で教えていることからも、それがわかる。実はどちらの著書を見ても、これがソースというものについて論じている唯一の箇所である。

◉バター、ジュ、クーリのソース――17世紀

ヴァレンヌが脂と小麦粉を使う「つなぎ」を使ったことでバターとルーをベースにしたソースへ

の扉が開かれ、この種のソースが現代フランス料理の特徴となった。タイユヴァンが14世紀に書いた『ル・ヴィアンディエ』にあるレシピの中でバターが使われているものはわずか1パーセントであるのに対し、17世紀のシェフ、L・S・R［名前はイニシャルしかわかっていない］が書いた『ラール・ド・ビアントレテ *L'Art de bien traiter*』（1674年）では全レシピの55パーセント、ソースのレシピだけ見れば80パーセントでバターが使われている。(4) 今ではフランス料理でバターを使わないソースはほとんど考えられない。アメリカの著名な料理研究家ジュリア・チャイルドは『王道のフランス料理 *Mastering the Art of French Cooking*』（1961年）で、ソースを作った最後にバターを加えると「ソースがなめらかになって少しとろみがつき、ほかの料理には絶対まねできないフランス料理らしさのようなものが出る」(5) と書いている。

L・S・Rはまずラードとバターを「茶色っぽくなるまで」熱してから小麦粉とブイヨンを加えてソースのベースにするよう教えている。マシアロの『宮廷とブルジョワジーの料理人 *Le Cuisinier royal et Bourgeois*』（1691年）は何にでもルーを使うわけではないが、ある種のソースやラグー、それにマッシュルームソースにも、油脂かバターをキツネ色になるまで熱してから粉を加え、それを液体でのばしたものを使うよう指示している。

17世紀のフランスの料理書では、ソースはたいてい肉や野菜などの特定の料理のレシピに組み込まれていた。しかし19世紀の主要なソースの原型は、「ジュ jus」や「クーリ coulis」という形で17世紀の料理書に出てきている。ジュはこんがり焼いた肉を軽く押して出てきた肉汁のことだった。マッ

KITCHEN SIEVES (Tamis de Cuisine).
FIG. 141.
FIG. 142.
FIG. 143.
It is impossible to perform any kitchen work without the use of large and small sieves. Sieves and colanders are indispensable either for straining purées, forcemeats, gravies and broths, for draining purposes or when required to be laid aside for further use.

ソースの濾し器。チャールズ・ランホーファー『エピキュリアン』（1894年）より。

シュルームや野菜のブイヨンを煮詰めたものをジュと呼ぶこともあった。クーリは肉や骨（ハムや子牛肉のこともあった）と香味野菜（タマネギ、クローブ、タイム、マッシュルーム）をワインまたはブイヨンとともにとろ火で煮てから焦がしたパンの皮でとろみをつけたものを濾《こ》して作ったものだった。

L・S・Rの料理書には「万能ソース（クーリ・ユニヴェルセル）」の記述があるが、これはエスパニョールソースの初期の形で、のちにフランス料理におけるブラウンソース系のソースすべての基本となるものである。イギリスで用いられた酢ベースで茶色くてピリッとしたソースと混同しやすいが、フランスのブラウンソースはブラウンルーと牛肉のエッセンスから作るもので、クリームか薄い色のブイヨンで作るホワイトソースとの対比から名付けられたものだ。

庶民には手が届かないさまざまな種類の肉を大量に使うクーリは、上流階級の食卓のためのものだった。景気が悪いときには野菜ベースのクーリも作られたが、それにしてもトリュフや魚のブイヨンなど、これまた庶民には手の届かない材料を使う手の込んだものだったのである。17世紀にはクーリはソースとほとんど同じ意味だったが、単独のドレッシングとしても他のソースの材料としても使われていた。それに対して酢ベースのドレッシングと初期のホワイトソースはそれだけでソースとみなされていた。

17世紀にはクーリの種類が劇的に増えた。マシアロは『宮廷とブルジョワジーの料理人』で23種類のクーリをあげている。18世紀になると、中産階級の家庭向けの料理書は、それまでのようなぜいたくな材料を必要としないレシピを紹介するようになった。宮廷料理から発したソースのレベルを少し下げたものはムノンの『新料理論 *Le Nouveau traité de cuisine*』（１７３９年）と『ブルジョワ家庭の女料理人 *La Cuisinière bourgeoise*』（１７４６年）に見られる。特に後者ではクーリをベースとしたソースはできるだけ避けてあり、使うソースを少なめにしたメニューも提案している。だがムノンの中産階級の家庭向けの料理書にあるエスパニョールソースとアルマンドソースのレシピは、ワイン、香味野菜とともにとろとろ煮たクーリから始まっていた。１７３４年の『新しい料理人』には、子牛肉のクーリ、白いクーリ、肉を食べない日のための白いクーリ、キジのクーリ、ザリガニのクーリ、肉を食べない日のためのザリガニのクーリの6種類が載っている。

今では流行の先端を行くシェフがクーリという言葉を好んで使うが、現代のクーリは凝ったソースを作るために長時間弱火で煮たソースのベースではなく、ピュレあるいは1種類の材料だけを煮詰めたものを指すのが普通で、塩味のクーリも果物を煮詰めたフルーツクーリもある。意味が逆転し、クーリは非常にシンプルなソースになったのだ。カリフォルニアにあるフレンチレストラン

「フレンチフランドリー」の料理書は、もし長時間かけたフォンを使うソースを作るのが大変なら、代わりにグレーズ［酢や果汁、肉汁などを煮詰めたソース］やクーリを使ってもいいと書いている。フランス語の「フォン」はベースの意味で、肉や魚を香味野菜とともにコトコト煮て作るブイヨンのことである。

●ソース作りを体系化したカレーム

18世紀のソースはバターとルーの組み合わせで進化を続けていたが、新しい組み合わせの試みも始まっていた。クーリと酢（ヴァレンヌのソースロベールの後継）、オイルまたはバターと酢（ヴィネグレット）、卵黄と酢の乳濁液（オランデーズソース類）などである。こうした試みはフランス料理のソースのさらなる発展につながり、今もよく知られている一連のソースの傑作が生まれた。この時代、フランスの料理界ではソースを重視する傾向が強まる一方で、1808年には下手な料理人を指す新しい言葉「ガート・ソース」（ソースを駄目にする奴）が生まれたほどである。

マリー・アントナン・カレームはソースを作る手順を合理化、単純化し、その成果をもとに『パリの料理人 *Le Cuisinier parisien*』（1828年）と『19世紀のフランス料理術 *L'art de la cuisine française au XIXe siècle*』（1832年）でソースのレシピをまとめた。彼はクーリからはさらに離れ、基本的な3種のソース――エスパニョールソース、ヴルーテソース、ベシャメルソース――と、卵を使ったマヨネーズのような冷たいソースを好んで使った。ソース作りは単純化されたが、カレームがそれを提供する容器やテーブルセッティングは大いに凝ったものだった。ここにあげたいくつかのソースも、食材のクセを消すための酢を使った濃い味のソースから、食材の味をカムフラージュするのではなく、味をよくするために使う現代的で目立たないソースへと変わる過程の一段階である。ヌーヴェル・キュイジーヌ以前のカレームの時代のずっしりしたソースは、今では消化が悪いとか、あるいは視覚的にも味覚的にも皿を支配しすぎてナンセンスだとまでけなされているが、19世紀にフランス料理が急速に発展していく時代背景の中で見れば、十分理解できるものだった。

カレームは誰よりも先に、基本的なソースを論理的に、ロシアのマトリョーシカのような入れ子式に分類した。それまでのソースはクーリをベースにしてつなぎと材料から出た汁を加え、タマネギやベル果汁で風味付けをしたものだったが、カレームに始まる新しいソースは、クーリ（グレースや煮詰めたブイヨン）とつなぎでソースの母体（あるいはソースの素）を作り、そこにさまざまな香味野菜などを加えて完成させた。できあがったソース自体はシンプルではないかもしれないし、めまいがするほどたくさんの種類のソースができるかもしれない。しかし作り方のシステムは明快なものだ。このシステムの明快さこそが、フランス料理のソースが世界中のオートキュイジーヌに深く浸透している理由だろう。理解しやすく、論理的で応用がきくのだ。

ルイ16世の調理場にいたこともあるルイ＝ユスターシュ・ユードはロンドンに移り、『フランス人の料理人、あるいは料理の技術 *The French Cook ; or, the Art of Cookery*』（１８１５年）を書いてフランス料理のソースをイギリスに伝えた。彼の本は英語で書かれていたが料理用語はフランス語が使われており、フランスの技術がソース作りを支配していたことがわかる。たとえばエスパニョールソースでは、料理人は「グレーズを全部鍋の底に入れ、キツネ色になったらスプーン2、3杯のコンソメでムイエして（薄めて）グレーズをはがし、そこへクーリを加える」[6]といった具合である。これはイギリス人向けに書かれた本だが、ベシャメル、スービーズ［こがさないように炒めたタマネギとベシャメルソース］、ロベール（タマネギ、エスパニョールソース、マスタード）などフランス料理の基本的なソースはすべて紹介されている。ヴルーテソースについてはイギリス人コック用に簡単にしたバージョンが紹介されているが、これはユードによれば、イギリス人コックにはアシスタントが少ないので複雑な方法は無理だからだそうである。

カレームの存在があったからこそ、ルイ・ソルニエの『フランス料理総覧 *Répertoire de la cuisine*』（1914年）（プロの料理人のために編纂された伝統的フランス料理の総目録。本物のソースの作り方のめくるめく宝庫）のような総覧が可能になり、また必要にもなったのだ。『フランス料理総覧』は何千もの料理の名前と作り方を簡単に記してあり、その中には176種のソースが含まれている。この本はエスコフィエに捧げられているが、フランス料理の過去の伝統を守り、現在と未来を切り開こうとする労作である。家庭の主婦でさえこの本から自信を得ることができる。ジュリア・チャイルドなどは「ソースはフランス料理の華、フランス料理の栄光ですが、作り方には特に秘密も謎もないのです」と断言している。[7]

カレームがフランス料理のソースを体系化し洗練させようとした努力は、ある意味ではフランスという国が大革命とその後の政治的混乱の中でみずからを再建しようとした努力の反映だったのかもしれない。少なくとも美食の分野ではすでにフランスが高い地位に君臨しており、その革新と達成において世界を指導できる立場にいた。カレームの著書『フランスの給仕長 *Le Maître d'hôtel français*』（1822年）はフランス料理を分類し直したものだが、彼はそこで現代のフランス料理の輝きを、伝統的あるいは旧来の料理の進化したものと位置付け、フランスの料理と国の当時の状況との関係を暗示していたのだ。

面白いことに、ポワヴラード［コショウを強くきかせた濃厚なソース］、ラヴィゴート［タマネギ、ケイパー、ハーブのみじん切りと酢、オイルで作るソース］、ロベール［タマネギ、マスタード、ドミグラスソースで作るソース］の3つは、やや進化したバージョンをもってして現代的と認定され、新しいソースの分類に含まれている。料理の技術や専門化が進んだ幸運な時代にあって、カレームはフランス料理の新時代が開かれることに大きな期待をいだき、フランスに王政が復古した（ルイ18世の王政は長続きしなかったが）ことでフランスは新しい高みに到達できるだろうと語っていた。王政に関するカレームの予想は大はずれだったが、料理についての直感は間違っていなかった。

●ベシャメルソース

基本的なソースのそれぞれに名前がつき、リストアップされると、新しいソースに名前——歴史的人物や出来事にちなんだものが多い——をつけることが始まった。ソースに歴史的ストーリーを

ベアルネーズソースを添えたサーモン。ベアルネーズソースはカレームのソースの体系にある典型的なホワイトソースのひとつ。

与えようとする動きは、19世紀フランスのナショナリズムの高まりと重なるものだった。ソースにまつわる伝説の中には確認できるものもあるが、たとえでっちあげられた伝説であっても、当時のフランスの歴史的状況を考えればなるほどと思わせるようなものだった。ソースの多くはスービーズソース（スービーズ公爵のシェフが考案した）やベアルネーズソース（19世紀にあるレストランで考案され、ベアルヌ出身のアンリ4世にちなんで名付けられた）のように単純に貴族やその貴族の料理人の名にちなんで名付けられた。

ベシャメルソースはいかにもフランス人の名前のようだが、実は一般に言われるルイ14世時代の貴族ルイ・ド・ベシャメルや彼のシェフとの関係はない。イタリア語で「バルサメッラ」と呼ばれるこのソースが15世紀イタリアのカトリーヌ・ド・メディチの宮廷の料理人によって作られたという説もあやしい。

フィレンツェの女性が小麦粉と牛乳を混ぜた「バルサモ」というものを美顔パックとして使っていたとしても、同じ頃ボローニャには、ソースでなく揚げ物の衣としてだが、もっとベシャメルに近い小麦粉、牛乳、卵を混ぜたものがあった。それとよく似たレシピはカトリーヌ・ド・メディチより先にフランスに来ていたが「フランスにはもっと前からデンプンでとろみをつけた牛乳のソースがあったし、牛乳とパンと卵を使うとろりとした料理がフランスにもイギリスにもあった事実を考えれば、それがベシャメルソースの先祖とは言えない(8)」のである。

ベシャメルソースを牛乳とルーをベースにしたソースと定義するなら、最初のベシャメルソースは18世紀に作られたものである。それ以前のホワイトソースはほとんどがつなぎに卵を使い、ワインかベル果汁か酢が入っていた。このような乳化したソースは今ではマヨネーズの仲間とされている。アピキウスの『料理帖 *De re coquinaria*』にミルクとベル果汁に小麦でとろみをつけたソースをヒツジ肉に添えるレシピがあり、これはベシャメルソースの遠い先祖かもしれないが、この時代、ルーの使用はまだ始まっていない(9)。

初めてベシャメルという名のソースが現れたのはヴァンサン・ラ・シャペルの『現代の料理人 *The Modern Cook*』(1733年)である。これはクリームまたはミルクにひとつかみの小麦粉を入れて、とろみがつくまで煮こんだものだった。前述のムノンの場合、ある料理書に書いてあるベシャメルはただクリームを煮詰めただけだが、別の料理書『ブルジョワ家庭の女料理人』にある「ベシャメルを使ったチキン」のレシピではブールマニエ(バターと小麦粉を混ぜたもの)でとろみをつけたクリームソースを紹介している。18世紀の料理書ではクリームを使う料理にベシャメルの名が使われており、たとえばフランソワ・マランの『コミュの恵み *Les dons de Comus*』（1739年）ではルーと卵黄を使うソース、ウィリアム・ヴェラルの『料理の完全な体系 *A Complete System of Cookery*』（1759年）ではブールマニエを使ったものをベシャメルと呼んでいる。

カレームが登場するまで、ベシャメルは他のソースのベースとなる基本的なソースという位置付けではなかった。カレーム版のベシャメルはまず肉のエキスがあり、ルーをベースとするヴルーテソースとクリームを混ぜるもので、彼はそれをベシャメル侯爵のアイディアだと語っている。

●マヨネーズの誕生

マヨネーズは18世紀にフランスに入ってきたと言われている。1756年、イギリスとの七年戦争に参加していたリシュリュー公爵がスペインのマオンという町で勝利をおさめたあと、このソースを持ちかえったということだ。もっとも「マヨネーズ」という言葉がフランス語に入ったのは19世紀のことである。19世紀以前の料理書にある「冷たいソース」が現在のマヨネーズに近いが、このソースは乳化しておらず、とろみを保つためには冷やしておく必要があった。『フランス人の料理人 *The French Cook*』にあるユードのレシピも、アルマンドソース［卵黄を加えたホワイトソース］とアスピック［ブイヨンをゼラチンで固めたゼリー］とオイルで作られており、「氷で冷やしておく」必要があった。

マニョネーズ（マヨネーズ）で飾った料理。カレーム『パリの料理人』(1828年）より。

現在マヨネーズと呼ばれている卵黄とオイルを使うソースは1819年頃に料理書に初めて現れたが、「マホネーズ mahonnaise」や「バヨネーズ bayonnaise」と書いてあることもある。グリモー・ド・ラ・レニエールはその『饗応の手引き *Manuel des amphitryons*』（1808年）で「マヨネーズ」はフランス語ではないと退け、「マオネーズ」はスペインのマオンという美食に縁のない地名にちなむからと却下した。そうして多くの革新的な食通を生み、ヨーロッパ一のハムを産するバヨンヌの町を思い起こさせる「バヨネーズ」こそ正しい名前だと主張したのである。フランスで修業を積み、貴族の料理人を務めるなどしてからニューヨークのレストラン、デルモニコスのシェフとなったチャールズ・ランホーファーは『エピキュリアン *The Epicurean*』（1894年）に「バヨンヌ風マヨネーズソース」の名前でスペイン産のコショウとバヨンヌ産のハムを加えた卵ベースのマヨネーズのレシピを載せている。

カレームはそれとは別のスペルと起源を主張している。彼は火を使わずにこのクリーミーでなめらかなソースを作るには、乳化するまでひたすらかき混ぜるしかないという理由で、「扱う、かき混ぜる」を意味するフランス語の動詞「マニエ manier」から「マニョネーズ magnonnaise」がふさわしいとした。そのうえでカレームは4種類の「マニョネーズ」を紹介している。卵黄、タラゴン、酢とエクサンプロヴァンス産のオリーブ油で作る「白いマニョネーズ」、チャービル、タラゴン、サラダバーネット、ディルを使う「ラヴィゴート風」、ベシャメルソースを使うもの、そしてマスタードを使う「プロヴァンス風」である。

◉エスパニョールソース

20世紀になるとエスコフィエが『エスコフィエフランス料理』［井上幸作監修。角田明訳。柴田書店。1963年］でソースの作り方とその名称を整理した。この本はプロの料理人のために何千ものレシピをまとめた事典である。エスコフィエの教えに基づき、フランスのレストランの厨房は5つの部門に組織化され、総料理長の次に位置するのがソース担当シェフだった。

『エスコフィエフランス料理』では、それまでよく使われていた基本的なエスパニョールソース、ベシャメルソース、ヴルーテソースを使う場面が少し減って、フュメと呼ばれる香りのよい濃いスープストックが使われている。しかしスープの素となる煮詰めたブイヨンやドミグラスソースを作る

パレ・ドルセーで「最高のシェフ」の栄誉を受けるオーギュスト・エスコフィエ（中央左）。1928年。

にはあらかじめいろいろな準備をする時間が必要だった。さらにエスコフィエはカレーム以来の大きな変革として、トマトソースを第4の基本ソースとして導入した。エスコフィエはカレームが先駆者として作り上げたソースのシステムのおかげでソースの種類をさらに増やすことができたが、規則にしたがって基本ソースの新しい系統を作り出すことにも努めた。ヴルーテソースから子牛のヴルーテ、鶏のヴルーテ、魚のヴルーテ、といった具合に。それらをベースに香味野菜を加えれば無数のバリエーションが生まれ、カレームの原則にしたがいつつ300種近いソースが誕生したのである。

しかしフランス料理における唯一の、本当の基本ソースは、挑発的な名前をもつエスパニョールソース、つまりスペイン風ソースである。これは濃厚でスパイシーなソースで、

1660年にスペイン王女がルイ14世に嫁いだときに連れてきたスペイン人コックがフランスにもたらした、キツネ色にこがした小麦粉を使うスパイシーなソースからその名を取っている。1691年のマシアロの「ヤマウズラのエスパニョール風」のレシピでは、ルーは用いないでローストしたヤマウズラのクーリ（肉汁を煮詰めたもの）にトリュフを入れてトーストしたパンでとろみをつけており、スペインから来たソースとは異なるものになっていた。

カレームは、エスパニョールソースという名前はフランス人の愛国心を傷つけるという批判に対して、その名はフランス国王ルイ14世の王妃となったスペイン王女に敬意を表するためのもので、ソース自体はフランスの料理技術によって完成され、スペインから持ちこまれたソースとはもはや別物なのだと反論した。[10] 20世紀にはルー、子牛のスープストック、トマトピュレで作るエスパニョールソースは、エスコフィエの著書の「偉大な基本ソース」の項目の最初に出てくる。

●アルマンドソース

アルマンドソースつまりドイツ風ソースは、ヴルーテソース、マッシュルームまたはチキンのブイヨン、卵黄、クリームで作る基本ソースで、これまた名前のせいで文句をつけられてきた。ソースの色――スペイン人の髪の色である濃い褐色のエスパニョールソースに対して、ドイツ人のブロンドの色――にちなんでこの名前になっただけで、起源がドイツというわけではないという意見もある。ここでもカレームは、フランス人の技術によって完成されたのだから、名前に関係なくフランスのものだと反論している。

タヴネはその著書『最高の料理一覧 *Annuaire de la cuisine transcendante*』（1874年）でこのテーマを大げさにとりあげて政治を引き合いに出し、エスパニョールソースとかアルマンドソースとか呼ぶのはつまり、フランスの国としての誇りと世界における地位が低下していることを示していると書いた。レストランでエスパニョールソースやアルマンドソースに遭遇した人は、フランスが支配しているはずの料理の分野でスペインやドイツに従属していることを知ってフランス人を憐れむだろうと書く。そして伝統にはそれなりの存在意義があることは認めるが、フランスのものに他国の名前を付けることは許せないと宣言し、エスパニョールソースはソースフランセーズ（フランス風ソース）、アルマンドソースはソースパリジェンヌ（パリ風ソース）に変えてほしいと書いている。タヴネは1870年から71年の普仏戦争におけるフランスの敗北とその後の一連の紛争のせいで、ドイツに対する敵意をたぎらせていたのだろう。

おそらくそうした気持ちを受けてのことだろうが、エスコフィエは、パリ風ソースのほうが適切な名称で、単に惰性で根拠のないドイツ風という名前を使っていただけだとしてアルマンドソースの名前の変更を受け入れたのだった。エスコフィエは、カレームも「アルマンド」という呼び方には反対していたが、1833年に亡くなってしまったのでこの議論に参加できなかったのだと語っている。もっともカレームは「アルマンド」の名をもつフランスのソースと本当にドイツで食べられているソースとの類似点は色と濃度だけだと言明してはいた。ジュリア・チャイルドは問題のソースを「もとはアルマンドソースと呼ばれていたソースパリジェンヌ」と呼んだが、20世紀の他の料理書はアルマンドソースと呼び続けた。エスパニョールソースの名前はこうした議論には左右されなかったようで、そのままである。ついでに言えばオランデーズソースも「実際は純フランス産」だとピットが語っている。(11)

●批判と変化

17世紀の「新しく現代的」なソースがソースの時代への道を開いたときと同様に、カレームによる革新とフランス料理の世界的な流行をもってしても、フランスのソースがフランス国外ですぐに広く受け入れられたわけではなかった。イタリア人はフランスのソースは素材の味を隠してごまかすための胡散臭《うさんくさ》いもので、胃に悪いとまで考えた。バターでコクをつけ、クリームでとろみをつけたフランスのソースは、料理における「過剰」に反対しソースを肉汁に替えた18世紀の第一のヌーヴェル・キュイジーヌや、シンプルさを優先して重いソースを廃した1960年代の新しいヌーヴェル・キュイジーヌの風潮の中でますます人気がなくなった。

『ラルース料理百科事典』の著者プロスペル・モンタニエは別の著書『料理図鑑 *La Grande cuisine illustrée*』(1900年)で、ソースは食材をカバーするものではなく控えめに味を添えるものとして重要だと書いている。アンリ・ゴーとクリスチャン・ミヨーの『ヌーヴェル・キュイジーヌ万歳 *Vive la Nouvelle Cuisine Française*』(1973年)にあるヌーヴェル・キュイジーヌの「十戒」のひと

軽くとろみをつけた肉汁で作った「ソースモデルヌ」を添えたカモのコンフィ。

つは「重いソースを排除すること」である。ミシェル・ゲラールは『太らない料理 *La Grande cuisine minceur*』（1976年）でクリーム、バター、卵黄をほとんどあるいはまったく使わないソースを考案して喝采を浴び、今では多くのシェフが小麦粉のつなぎではなく、クズ粉やジャガイモのデンプン、ヨーグルト、脂肪分の少ないクリーム、野菜のピュレなどを使うようになった。

意外なことにブールブラン（バターと白ワインを乳濁させたもの）は、乳濁した状態を保つのに名人級の技術を要することと、つなぎに小麦粉を使わないでとろみが出ることを理由に、1960年代に驚くほどの人気を博した。しかしポール・ボキューズ率いる新しいヌーヴェル・キュイジーヌでは調理中に出る肉汁やハーブの香りをきかせたブイヨンで作る「一体的な」

ソースを使うことが多く、バター、クリーム、つなぎの小麦粉はあまり使わない。

脂肪を避けようとする現代の風潮の中では、ソースは体にとって危険だと言われることさえある。エルヴェ・ティスは著書で14世紀ミラノのマイノ・デ・マイネリ（マグニヌス）を引き合いに出し「ソースは美食家にとって毒である。彼を太らせ……痛風や減量で脅かす」と嘆いている。[12] ジョエル・ロブションによれば「現代のソースは肉汁をしっかり煮詰め、バターかクリームを少し加えて乳濁させただけのもの」である。[13] 新しい法則では、バターはルーをベースとするソースがもつ粉っぽさなしで濃度をつけることができるとし、バターを完全に禁止しているわけではない。中世のソースから現代のソースへの変化の時代と同じく、「軽い」ソースの時代でも、健康志向の原則はある点までは配慮されるが、決め手になるのは健康より味ということだ。

19世紀にソースの体系が変化したとは言っても中産階級の家庭料理にもプロの料理にも複雑なソースは残っていた。しかし中産階級の家庭料理のソースがより単純で実用的なものに変わるのは必然だった。１８９３年、シャルル・ドリッサンは『ポトフ *Le Pot-au-feu*』という雑誌に主婦向けの料理講座を連載し、一般家庭の台所ではレストランのようなフォン［だし汁］や煮詰めた肉汁があるのを当然と思ってはならないと認めている。彼のレシピはヴルーテソースやエスパニョールソースのような基本ソースの代わりにシンプルなルーを使い、肉をコトコト煮て作るだしの代わりに、誰もがよく知っているリービッヒ社の肉エキスを使うことを勧めている。20世紀の初めには家庭用の料理書はソースの材料に必ずリービッヒのエキスの名前をあげていた。しかし19世紀末から20世紀

リービッヒ社の肉エキスの広告。1890年。

初めのフランスの女性雑誌の場合は、あいかわらず料理のページにややこしいソースが出てきて、たとえばオランデーズソースと言えば読者に通じるはずだからレシピをのせるまでもない、という態度だった。[14]

ルイ・ディアー――冷たいジャガイモのスープ、ヴィシソワーズの考案者で、ニューヨーク、パリ、ロンドンのリッツカールトンでシェフを務めた――は、アメリカの家庭向けの料理書『フランスの有名なソース *Sauces, French and Famous*』（1951年）で限られた数のホワイトソース、ブラウンソース、冷たいソースのレシピしか紹介していないが、それでも調理するときはまずベースとなるソースを作り、そこに調理した肉から出た肉汁を加えるように指示している。こうしたプロの手順は缶詰のマッシュルームスープをグレイヴィとして使う同時代のアメリカの家庭料理とは大きく異なるものだった。

　20世紀のアメリカにおけるフランス風ソースのレシピは材料も手順も単純化され、またソースを使うメニューも少なくなっていた。ジュリア・チャイルドもディアにならって『王道のフランス料理』（1961年）でベシャメル、オランデーズ、ヴルーテの各ソースのレシピを紹介しているが、彼女のいう「基本のブラウンソース（つまりエスパニョールソース）」は、時間がかかりすぎるとの理由で省いている。ファニー・ファーマーは20世紀初頭のアメリカの主婦のために、簡単なベシャメルソースとしてバター、小麦粉、牛乳を使う「ホワイトソース」を紹介したが、ヴルーテソースとアルマンドソース（ヴルーテにレモンと卵を加える）は残していた。

　このような変化はフランスの家庭料理と違ってアメリカの家庭料理は堅苦しくないという特徴を示す（たとえばチャイルドはロベールソースをハンバーガーに添えてもいいと勧めている）と同時に、重いソースが食卓から消えつつあることも示していた。ともあれ、1950年代はパリのレストラン、ラセールでソーススプーンが登場した時代でもあった。これは皿を傾けなくてもソースを集められるようアスピック［コンソメゼリー］用の切り欠きがついた平らなスプーン（切り欠きの用途については諸説あり、ソースがスプーンから垂れないためかもしれない）である。

●ロベールソース

　上流階級の食卓にも中流階級の食卓にも見られ、時代を超えて料理書や文学作品にとりあげられてきたソースのひとつがロベールソースである。タマネギと酢を主材料とするこのソースは何世紀もの歴史をもつが、現代の料理書にもきちんと自分の居場所を確保している。今ではもう名前の由来となったシェフのことはわからないが、タイユヴァンはチキンに合わせる熱いマスタードソースとしてとりあげ、ラ・ヴァレンヌの『フランスの料理人』にはローストした肉から出た脂肪で炒めたタマネギにベル果汁、酢、そして時にはマスタードを加えたシンプルなソースとして7回登場している。ラブレーは『第四の書』〔宮下志朗訳。ちくま文庫。２００９年〕でロベールソースについて、ウサギ、カモ、豚、卵のほか「沢山の肉」に合う「健康的で最高のソース」だと書いている。(15) バターとエスパニョールソースを加えるという変化はあったものの、ロベールソースは現代の料理書にその名を残している。

アルマンドソースと同様ロベールソースも、カレームとその支持者による料理の手順やレシピの改革は行きすぎだという19世紀に起こった批判の槍玉にあげられた。エネアス・スウィートランド・ダラスは『ケットナーのテーブルブック *Kettner's Book of the Table*』（１８７７年）で、そもそもロベールソースはバターで炒めたタマネギと少量のマスタードとタラゴンと酢で作るシンプルなソースだったのに、今ではパリでもロンドンでも「それとはわからない」ものになってしまったとして「悪しき文明の中であのすばらしい味は失われた」と批判した。(16) ダラスはロベールソースの堕落の例として、具体的にはタマネギを減らしてキュウリのピクルスのみじん切りを加えること、時にはワインとケチャップをぶちこむこと、あるいは酢をやたらに入れることをあげている。また精神的な面からも、このようなソースの変化はフランス料理界の調理場外における堕落の象徴だと考えたらしい。彼は、タイユヴァンがこのソースをイギリスから盗み、本来の名前「ロウバック（Roebuck）ソース」［ノロジカのソースの意味］を間違えて翻訳し、ロベールソースにしてしまったのだと主張した。

ロベールソースがもつ比喩的な意味を示す文学作品もある。デュマの『モンテクリスト伯』（1846年）の登場人物ダングラールは、監獄の食事に出される黒パン、生のタマネギ、ひからびたチーズを見て、特定の料理ではなく、彼のシェフがよくこしらえたロベールソースのことを思い出すのだ。エレガントなロベールソースには、バターでやわらかくしたみじん切りのタマネギ、白ワイン、ドミグラスソースが入っていて、ダングラールが「野蛮人の恐ろしい食べ物」と言い捨てた生タマネギよりはるかに洗練されたものだ[17]。このシーンを理解するには、ロベールソースにはタマネギが入っていることを読者が知っていて、くどくど説明しなくてもピンとくる必要がある。

17世紀のペローのおとぎ話『眠れる森の美女』にもロベールソースが出てくる。小さな子供が大好物という邪悪な王妃は「オーロラ」という少女の「ロベール風」を所望する。王妃はいつもそうするように少女を生で食べようとする。ルイ・マランは、王妃は「人間の肉を食べるという行為を正当化するために、生の肉とは対照的に手の込んだロベールソースを添えようとした」と考えた[18]。しかし少女を殺すために派遣された猟師は代わりに子ヒツジを殺し、コックは何も知らない王妃にそれを出す。ソースは生の肉を食べられるようにする文化的記号なのである。王妃にとって文化的に食べてはならないもの（人間）の肉もソースを添えれば、生の子供の肉という野蛮な食べ物ではなく、調理したエレガントな食べ物となるのだ。猟師の立場からすれば、ソースによって生の子ヒツジの肉を王妃が所望した少女の肉とごまかし、自分と少女の命を救うことができる。どちらにとっても、ロベールソースは何らかの肉を食べられないものから望ましい食べ物に変えるわけだ。デュマの小説に出てくる想像上のロベールソースが野蛮な生のタマネギを食べられるようにしたのと同じことである。

●ソースと文学的イメージ

文学の中にかすかに響いているソースは脂肪と思い出でずっしり重い「古い」ソースである。マルセル・プルーストは食べ物にゆかりの深い彼の壮大な作品『失われた時を求めて』で、フランスの過ぎ去った日々を思い出す手がかりとして、念入りに作られたエスコフィエのソースを使った。第3篇『ゲルマントのほう』（1920年）の中では、ゲルマント公爵夫人の食卓にアスパラガスのソースムスリーヌ（ホイップクリームとオランデーズソース）と子ヒツジのもも肉のベアルネーズソース（白ワイン、タラゴン、エシャロット、卵黄を乳化したもの）が誇らしげに供されていた。これらは非常に保守的でエレガントな料理であり、それがわかる読者にとっては、ゲルマント公爵夫人の邸宅とそこで催される上流階級のディナーパーティーから連想するイメージをより強くするものだった。フランス料理の伝統と本質につながらない単なる肉汁や名もないソースでは、ここに登場した料理のような独特の効果は発揮されないだろう。

エスコフィエが主導した新しい組み合わせによるソースの多様化に続くポール・ボキューズのヌーヴェル・キュイジーヌの時代には、有名な料理の名前はそれを考案したシェフの想像力を反映するのであって、わかりやすい文化的な根拠から地名や貴族の家名が思い浮かぶことはほとんどない。たとえばエスコフィエは魚のヴルーテソースにマッシュルームのエキス、牡蠣《かき》のソース、クリームとバターで乳化した卵黄を加えて変化させたソースに、それぞれディプロマット［外交官］、エコセーズ［スコットランド風］、レジャンス［摂政］という特に根拠のない名称をつけている。ソースの名称は国や組織を連想させるものではなく個々のシェフとの関係を物語るようになったのである。それぞれの国のアイデンティティという点からは、その名前自体にはあまり価値はない。

文学作品にもっぱらエスパニョールとかロベールとかベアルネーズとかいう名前のついたソースが出てくるのも驚くにはあたらない。そうした名前には何世紀も蓄積された親しみとソースの意味の成り立ちが込められており、象徴としての価値があるのだ。あるシェフだけ、あるレストランだけのレシピ、あるいはたまたま手元にあった材料でそのときの客のためだけにその場で作ったソース、ほかには誰も関心を払わないようなソースなら、フランス文学の素養など何の役にも立たないのである。シェフ主導の時代にあっては、ソースの比喩としての役割はクロード・フィシュレルが「寄せ集めの世界、組織化された無秩序」と呼んだサラダに移ったのかもしれない。フィシュレルは、サラダにおいては創造力は完全に自由を保障されており、革新は歓迎され、「文法的なルール」に縛られることは一切ないと強調している。[19]

◉サラダドレッシング

サラダドレッシング（つまりサラダのためのソース）も酢を使うこってりしたソースであり、やはり変化を経てきた。現代のものは、「冷・湿」の性質をもつレタスや生野菜は「冷・乾」の酢ではなく「熱」の塩やオイルと合わせる、というような古代や中世の食事療法的な原則からは完全に脱却している。

初期のサラダドレッシングでは食事療法的な理由で酢はほとんど使われなかったが、まったくなかったわけではない。マスタードを入れたヴィネグレットソースは古代末期には存在し、アピキウスのレシピには生のハーブの味付けのためにガルム［魚醤］とオイルを使っている。ピエール・ド・ロンサールは自然の食材の薬効を推奨する詩『サラダ *La Salade*』（1568年）で、生のハーブのための塩、酢、フランス産オリーブ油を合わせたドレッシングについて書いている。16世紀のフランスのあることわざは塩とオイルは認めているが、酢については賛成していない。「サラダはよく洗い、塩はしっかり、酢はちょっぴり、オイルはたっぷり」[20]だそうだ。

フランス語の「ヴィネグレット」という用語は、料理書の『メナジエ・ド・パリ *Le Ménasier de Paris*』（1393年頃）に肉のソースとして初めて現れ、その名のとおりヴィネガー（酢）を主材料としていた。伝統的なフランスのサラダドレッシングは今も、サラダにかける直前にオイル、酢、マスタード、塩をよく混ぜて作る。ルイ14世は特に塩と酢をかけたサラダを好んだが、レタスやあ

サラダ用のヴィネグレットソース。このソースには昔から使われている２種の材料、酢とマスタードが欠かせない。

る種の生野菜は消化が悪いとされ、王の医師たちは結局それらを王に禁じてしまった。18世紀、マシアロもムノンも料理書にオイルと酢で作るベーシックなサラダドレッシングのレシピを記載しているが、野菜には火を通すこともあった。

19世紀になると、他のソースと同様、サラダドレッシングの材料も格段に種類を増した。ジャン＝アンテルム・ブリア＝サヴァランはその『美味礼賛』［関根秀雄、戸部松実訳。岩波文庫。２００５年］で、フランスが誇るサラダを世界に紹介し、ロンドンその他で一財産を築いたダルビニャックという男性を「粋なサラダ作り」と呼んで称賛している。[21] 彼はサラダドレッシングの材料――香りをつけた酢、オイル類、大豆、キャビア、トリュフ、アンチョビ、ケチャップ、肉汁、それにマヨネーズ作りに必須の卵黄——を詰めこんだ箱を持ち運んでいた。ウィリアム・キッチナーも、どこへ行ってもその場ですばやくソースを作れるように「味付け材料」を入れて持ち運ぶ「ソースボックス」について『料理人の神託』に書いている。キッチナーの箱にはクルミのピクルス、マッシュルームケチャップ、粉類、マスタード、大豆醤油、それに「サラダソース」——固ゆでの卵の黄身とマスタードと酢とオイルで作るグリビッシュソースのようだが、彼はオイルの代わりにクリームを使ってもいいと書いている——が入っていた。

イギリスの料理ライター、エリザベス・デイヴィッドは、不名誉な「イギリスのサラダソース」（またはサラダクリーム）の歴史を明らかにし、そもそものレシピはレタスや生野菜のサラダではなく火を通した野菜サラダや魚のサラダに合わせるもので、不名誉ではなく誇るべきものだと述べている。ゆで卵の黄身とクリームを使う昔ながらの「サラダソース」はレタスにかけるソースとして商品化され、「今もこの国の料理における疫病神である……これのおかげでイギリスのサラダソース、クリーム、それにいわゆるマヨネーズはヨーロッパの笑い種だ[22]」ということである。

アメリカの初期のサラダドレッシングは、塩、砂糖、酢、溶かしたバター、糖蜜で作られ、時にはオリーブ油（植民地のアメリカでは高価だった）を使うこともあった。19世紀のアメリカでは一般にサラダは上流階級の食べ物と考えられており、ニンニクはフレンチレストランのドレッシングで使われるだけだった。唯一の有名な例外がティファナという町のシーザーレストランである。

シーザーサラダは１９２４年に誕生した。シーザーレストランのオーナーだったシーザー・カルディーニは、イタリア産オリーブ油と輸入したパルメザンチーズしか使ってはならず、一般に信じられているようにドレッシングにアンチョビを入れるのは間違いだと主張していた。90年近くたってからマルゼッティ社がカルディーニの名前を商標登録し、今では一連のカルディーニブランドのサラダドレッシングを販売している。その中には「アジア風いりごまドレッシング」もあるが、あまりふさわしい名前とはいえない。「オリジナル・シーザーサラダドレッシング」の説明書には「オリジナルは最高。カルディーニのシーザーサラダドレッシングはオリジナルだ」と書いてある。しかしこのドレッシングには大豆油、オリーブ油、パルメザンチーズ、卵黄、それになんとアンチョビが入っている。

アメリカでは、1870年代に瓶入りのサラダドレッシングが登場した。今一番人気があるのは1970年代にヒドゥン・ヴァレー・ランチ社が1970年代から製造しているランチドレッシングで、ニンニクとハーブが入ったクリーミーなソースである。これは非常にアメリカ的なソースで、これとまったく同じものはほかのどこにもない。クラフト社が売り出した最初の瓶入りドレッシングは、実は「フレンチドレッシング」という名前である。これはトマトのような赤色の、甘い中にもピリッとした刺激があるソースで、フランス人ともフランスのサラダソースともまったく関係ない。

第4章◉グレイヴィ――肉とパスタのソース

◉肉から作るソース

「グレイヴィ」という言葉は「ソース」という言葉と同じぐらい複雑である。時代とともに意味が変わり、シンプルな肉汁だけのものから肉のエキスと各種の基本ソースとを組み合わせるものまで何通りもの作り方があるからだ。あるソースをグレイヴィと呼ぶのに絶対に欠かせない材料は肉である。グレイヴィは肉に添える（そして肉から作られることが多い）ソースとして、イギリスとアメリカの料理に深く定着している。メキシコ料理のモーレはこの意味のグレイヴィと同じような働きをし、イタリアのパスタソースもトマトを介してこの系列に入る。肉に添えるための初期のトマトソースがイタリアのパスタ用のトマトソースにつながり、イタリア系アメリカ人の世界でトマトミートソースがグレイヴィと呼ばれるようになったのだが、これには深い理由がある。

グレイヴィソース

その性質上、グレイヴィは家庭料理の範疇に入る。厳密な定義にしたがえばグレイヴィが上流階級の食卓に上ることもあるが、一般には中流かそれ以下に属するものだ。このソースはおもにイギリス料理に使われるが、その第一の理由はグレイヴィという英語名のゆえであり、第二の理由はイギリス人が実用的な料理を好むからである。「グレイヴィ」という言葉は、『パリの家事』や『ル・ヴィアンディィエ』など14世紀のフランス語文献では「グラネ grané」または「グラヴェ gravé」と書かれた肉または魚のブイヨン（あるいはそのブイヨンに肉や魚の身を入れた料理）を意味する言葉から派生したものである。[1] 肉との関連をさらに探せば、料理用語としての「グラネ」は穀物や果物からしぼって肉などの身にかけるソースを作るために使われた（ベル果汁のような）液体、またはその料理そのものを指す古フランス語の「グラン grain」からきた言葉ではないかと思われる。したがって「グレイヴィ」は肉料理に添えるために肉から作ったソースということになる。

17世紀になると、フランス料理のソースはメイン料理とは別に調理される第二の料理として進化し、完全に別物とみなされることも多くなった。しかしイギリスのソースとそれをモデルとするアメリカのソースはあくまでも肉――骨付き肉かロース肉が多かった――の添え物のままだった。つまりグレイヴィは、その名前の本家本元らしいフランスではなく、英仏海峡を越えたイギリスで定着したのである。さらにイギリスのグレイヴィは、フランス料理が進む方向をあえて拒否するイギリス人の意志表明でもあった。ひとつの料理に添えるために高価な材料を使い、厳密な手順にこだわり、ブイヨンやクーリに大量の肉を使うのがフランス流で、イギリスのグレイヴィはそれとは別の道を選んだのである。その結果、イギリス料理のグレイヴィは貴族的でない質素な料理に属すると見られがちで、「高級な」ソースはフランス風に作られることが多い。

●グレイヴィの歴史

リチャード2世のコックが編纂し、イギリス最古の料理書と言われている『フォーム・オブ・カリー』（1390年頃）にもグレイヴィの記載があるが、そこにあるレシピは現在のとろみをつけたグレイヴィとはかなり異なっている。

たとえば「チキンズ・イン・グレイヴィ」や「オイスターズ・イン・グレイヴィ」のレシピは鶏肉や牡蠣《かき》をボイルし、ゆで汁にアーモンドやさまざまなスパイスを入れてコクをつけたものだった。グレイヴィ以外のソース（sawse または sawce と書かれている）の場合も同じような材料（アーモンド、パン、ハーブ、スパイス、時には調理した肉から出た脂肪）の組み合わせに酢かワインを加えていたが、こうしたソースは肉などとは別に調理され、肉の上にかけたりわきに添えたりしていた。17世紀の肉汁、果物、スパイスの混合物は必ずしもグレイヴィという名ではなかったにしても、その精神には沿っていた。ジャーヴァス・マーカムの『イギリスの主婦 *English Huswife*』（1615年）にある「詰め物をしたガチョウのためのソース」のレシピには焼きリンゴ、酢、ガチョウの肉汁、バーベリーの実、パン粉、砂糖、シナモンが使われていた。

またロバート・メイの『優れた料理人 *The Accomplisht Cook*』（1660年）の「野鳥料理のソー

ウスター磁器工房製の舟形ソース入れ。1756年頃。

ス」にはスモモのピュレ、ゆでたスモモ、鳥肉の肉汁、シナモン、ショウガ、砂糖、塩が使われていた。メイは「グレイヴィ」という言葉を、調理した肉や魚から出たり、あるいは木製の押し器を使ってしぼったりした肉汁――もとの肉に添えるソースにしたり、保存して冷肉料理に使ったりする――の意味で使っていた。このグレイヴィで作るソースはパン、すりつぶしたアーモンド、卵黄、かきまぜてやわらかくしたバターなどでとろみがつけられ、ショウガ、メース、シナモン、クローブ、コショウなどの強い香辛料で香り付けされた。ハナ・グラースとウィリアム・キッチナーは肉汁にも、それを材料としてとろみをつけたソースにも、グレイヴィという言葉を使っている。

イギリスの初期のグレイヴィは中世の特徴を引き継ぎ、中東から入った風味の強いスパイスを使ったり、肉と果物を合わせたりしていたが、フランスのソース専門のシェフは、強いスパイスを使ったり甘いものと塩からいものとを対比させたりするのではなく、より繊細なハーブを用いて

ライムハウス磁器工房製の舟形ソース入れ。1745年頃。

ソースと肉との調和をはかることをめざした。

コリン・スペンサーは両者のこの違いには宗教的な理由があることを示唆し、1530年代の宗教改革以後、断食日のために手の込んだソースを使って料理を作ることはフランス的、ひいてはカトリック的だとしてイギリスで敬遠されたのだと主張した。(2) 愛国的なイギリスの料理人たちは反フランス反カトリック思想にすっかり染まり、フランスのレシピから離れ、大きめに切った肉をローストし、肉汁で作ったシンプルなソースをそれに添えるという、より「ナチュラル」な調理法にこだわった。肉や魚に手のこんだソースを合わせるぜいたくな料理はフランス式だとみなされ、白い目で見られたのである(もっとも1世紀後には、フランスで修業したロバート・メイなどのシェフの手でフランス風のソースがイギリスの食卓に復活するのだが)。

ともあれ、フランス風のソースが敬遠され、丸ごと調理した肉のかたまりと舟型ソース皿に入ったソースを食卓で取りまわすという風景がイギリスの食事の基本として好まれるようになったのはこの頃からである。スペンサーはさらに、17世紀には清教徒革命を経て中産階級が拡大し、グレイヴィを使うなどの実用的な調理法を好む女性が書いた料理書がよく売れるようになったことも当時の風潮の背景にあった、と指摘している。

◉フランス料理へのライバル意識

ハナ・グラースは『料理術 *The Art of Cookery*』で4つの章にわたり9つのグレイヴィのレシピを記載し、イギリス料理の優れた点と手のこんだフランスのソースの軽薄さを全力で示そうとしている。また「クーリ」を使うレシピは5つ紹介している。彼女はウズラのラグーにはクーリとハムのエキスが必要だと書き、できあがったものを「奇妙なごった煮」と評したうえで、これを作ることはお勧めしないと書いている。フランス風のソースは不必要に高価な材料を使うことをあてこすっているのだ。彼女はそのソースを「ヒツジのもも肉をシャンパンで煮るようなもの」にたとえ、材料がもったいなくて非合理的だとした。

彼女が良しとするグレイヴィのレシピでは、「グレイヴィミート」という18世紀にはまだ目新しい用語が使われているが、これは特にグレイヴィを作るのに適した肉の切れ端を指していた。それでも高すぎると思う人向けには、もっと安い代替品を提案している。グラースにとっての正しいグレイヴィとはある程度一般的で用途の広いものであり、「グレイヴィの作り方」というレシピの最後に、彼女は「これはたいていのものに応用できる」と書いている。

18世紀中頃のイギリス中産階級の主婦にとって、手のこんだフランス式のソースは非実用的で非経済的で不謹慎、宗教的な議論を突きつめていけば異端的でさえあった。他の女性ライターもグラースに続けとばかりにフランスの料理法を見下して取り合わず、シンプルで「真面目な」グレイヴィを愛した。17世紀イギリスの料理書はソースのとろみ付けに小麦粉やルーを使うことはなく、18世紀になってもブールマニエ（小麦粉とバターを混ぜたもの）や小麦粉を液体に入れてかき混ぜることを勧めていた。18世紀イギリスの料理書の多くは、クーリの代わりにスパイシーでピリッとした味のケチャップとピクルスをグレイヴィに加えて肉や魚に添えることを推奨し、あえてフランス料理から距離を置いたイギリス独自の料理を作り出していた。

1765年にロンドンで出版されたスザンナ・カーターの『倹約家の主婦 *The Frugal Housewife*』の立ち位置はその中間だった。倹約家と言えるかどうかはともかく、カーターはハムのエキスを加えた子牛肉のグレイヴィや、鍋底についた肉汁を濃いブイヨンとクラレット［ボルドーの赤ワイン］と白ワインで溶きのばした牛肉のグレイヴィに、アンチョビとハーブを加えて仕上げるレシピを紹介している。

エリザベス・ラフォード（『イギリスのベテラン主婦 *The Experienced English Housekeeper, 1769*』）やイザベラ・ビートン（『家政読本 *The Book of Household Management, 1859*』）はエキスやクーリで味を進化させるかわりに、「ブラウニング」を使ってソースに色をつけることを勧めている。ラフォードのブラウニングのレシピはバターと砂糖をキツネ色になるまで加熱して赤ワインとお馴染みのク

キッチンブーケの広告。1950年。

ローブ、メース、コショウ、マッシュルームケチャップとレモンの外皮を加えるものである。ビートンの場合は焦がした砂糖と水だけで、１世紀前のラフォードのような味付けはしない。

ブラウニングソースは「キッチンブーケ」と「グレイヴィマスター」という商品名でアメリカのメーカーが今も販売し、今も同じ目的（つまり肉とグレイヴィに色は加えるが味は必ずしも加えない）で使われている。キッチンブーケは１８８０年代、グレイヴィマスターは１９３５年に誕生した商品で、どちらも基本的には砂糖と香料とスパイスでできている。

それ以後の料理書もグラースの本にならって中産階級を対象としており、台所に立つ女性は実用主義的傾向があるというスペンサーの主張を裏付けている。一方、イギリスへ移住した高名なフランス人シェフであるヴァンサン・ラ・シャペルやルイ＝ユスターシュ・ユードは、ソースに対するフランス風（貴族的）アプローチを保持していた。ラ・シャペルは『現代の料理人』（1733年）で、ソースにとろみをつけるにはパン粉ではなく小麦粉を使い、エスパニョールソースを他のソースのベースに使うよう教えている。

●中産階級のためのソース

19世紀には、イギリスの上流階級の人々はフランス料理を偶像視してイギリスの料理を見下したが、経済的にそれほど豊かでない中産階級にとってはイギリス料理が一番で、ローストした肉とその肉汁で作ったグレイヴィを毎日のように食べていた。ウィリアム・キッチナーは『料理人の神託』で、経済的なイギリスのグレイヴィも洗練させることができると書き、自分の「マッシュルーム入りグレイヴィソース」のレシピは金をかけたフランス式のどんなグレイヴィよりずっとおいしく、「金も手間もかけずに作る」もうひとつのグレイヴィも「パリの調理場で作る一番高価なコンソメに匹敵する」と書いている。[3] さらにキッチナーは、そのグレイヴィは非常に洗練されたものだから、正式のディナーの席では、そのソースを1パイント（約500cc）ずつ入れた舟形のソース皿をテーブルの両端に用意しておくようにと指示している。またソース作りの最後には、料理人は肉そのものから出た「本来のグレイヴィ」をアーガイルに保存しなければならない。[4] アーガイルとは食卓でグレイヴィが冷めないように内側に保温用のお湯を入れる部分があるソース容器のことで、19世紀にイギリスで生まれた言葉である。

ヴィクトリア時代の銀製アーガイル（グレイヴィ容器）。ロンドン。1856年。外側にグレイヴィを入れ、内側の円筒部分にお湯を入れてグレイヴィを保温する。

当時のイギリスの料理書は普通、ソースやグレイヴィは舟形のソース皿かソースボウルに入れて（肉とは別に）食卓に出すよう指示していた。これは美しくソースをまとってテーブルに運ばれてくる「完成されたフランス料理」に対する反感から生じたことかもしれない。たとえばスザンナ・カーターは、鹿肉のローストの場合は「皿にグレイヴィはかけないで、ひとつのソース皿にグレイヴィ、もうひとつの皿にカラントジャムを入れて」供するように、また七面鳥の場合は「上等のグレイヴィを舟形ソース皿に、パンとタマネギや牡蠣のソースは別のボウルに入れて供する」ようにと教えている。(5) フォーマルであれカジュアルであれ、ディナーのテーブルセッティングにはグレイヴィやソースのための容器が欠かせなかったのである。

イギリス（後にはアメリカも）の中産階級の主婦が台所からムダをなくしたいと強く思うように

なったのはヴィクトリア時代からで、その頃からグレイヴィを使う冷肉料理が広まった。そして残り物の肉と野菜とグレイヴィを混ぜて作るハッシュあるいはホッジポッジと呼ばれる料理が、サンデーロースト［日曜日に食べる肉のロースト］を食べきる手段として定期的にイギリスの食卓に上るようになった。アレクシス・ソワイエ（やはりフランスからの移住者でユードの弟子）はこのレシピを「残り物」と呼んだ。スペンサーはイギリス料理のこの堕落を嘆き、フランスなら、あるいはイギリスでも別の時代なら豚のエサにするような残り物が「粉っぽいソースの下に押しこまれ、温めなおされて託児所に送られた[6]」と語っている。

20世紀の人類学者メアリー・ダグラスは、グレイヴィはイギリスの食事パターンの根幹をなしているとの見解を発表した。彼女によれば、ウィークデーのディナーに出る料理は日曜日のディナーを再現したもので、「主菜」の肉と、1種類か2種類の生野菜の「付け合わせ」、みんなで取り分けるジャガイモがあって「コクととろみのある茶色いグレイヴィをかける[7]」。特別な食事の場合は付け合わせやドレッシングの数が増えることもあるが、「このルールにしたがっていないメイン料理はメインと認識されない。要素のどれかが何度も出てくることはあっても、どれかが省かれることはありえない[8]」。つまり、ダグラスに言わせれば、グレイヴィがなければ食事は成り立たないのである。「グレイヴィのルール」はデザートにも適用される。中心は果物かケーキで「グレイヴィ」は「コースのメインにおけるグレイヴィと同じように皿の上に注がれる[9]」カスタードやクリームだ。

◉アメリカのグレイヴィ

18世紀から19世紀初頭にかけてのアメリカ中産階級向けの料理書の多くは、当時すでに出版されていたイギリスの料理書の単なるコピーか、地元で手に入る材料に合わせてそれに変更を加えたものだった。そのため、グレイヴィは当時のアメリカの家庭料理でもイギリスと同じような役割を果たしていた。

アメリア・シモンズの『アメリカの料理 *American Cookery*』（１７９８年）は、アメリカで最初に出版されたアメリカ人による料理書で、バターでコクととろみを出し、ケチャップと各種のフルーツソースとピクルスで味付けしたグレイヴィのレシピをいくつか載せていた。1世紀後、ファニー・ファーマーは『ボストン料理学校のクックブック *The Boston Cooking-school Cookbook*』（１８９６年）でいくぶんアメリカ料理のハードルを上げ、家庭料理用にやや単純化したフランス料理のソースをいくつか紹介した。その中にはエスパニョールソース、ヴルーテソースのほかハムのためのシャンパンソースもあったから、ハナ・グラースが見たら激怒したことだろう。このソースのおもな材料は、煮詰めたエスパニョールソース、シャンパンと粉砂糖だった。それでも、ピューリタンのルーツに忠実なファーマーは、この本にグレイヴィを添える冷たい（残り物の）肉の料理という項目も入れたし、鳥料理の章には何にでも合うグレイヴィのレシピも載せている。

アーマ・ロンバウアーの『料理の喜び *Joy of Cooking*』１９５3年版（初版は１９３1年）はソー

BISTOの顆粒グレイヴィの広告。1945年。イギリスで1908年に発売された肉のフレーバーのついたグレイヴィの素。BISTOはBrown(色をつける)、Season（香りをつける）、Thicken（とろみをつける）、in One（これひとつで）の頭文字。

スとグレイヴィを同じ章で扱っているが、グレイヴィを先にとりあげ、3種類のグレイヴィの作り方を紹介している。まずなべ底に残った肉汁で作るもの、次にシチューに使うもの、そしてローストに合わせるものである。彼女はビートンやラフォールドと同じように、グレイヴィにカラメルか市販の「ブラウニング」で色をつけるよう勧めている。1950年代には、家族の食事のためにグレイヴィを一から作る時間もその気もない主婦のために、缶入りの濃縮スープから作るグレイヴィと完成品のグレイヴィの缶詰が出現している。今やアメリカではローストした肉にかけるグレイヴィは、缶か瓶から出して温め、休日の食卓に出すものになっているのだ。

●トマトソースはグレイヴィだった

トマトは、肉のグレイヴィからイタリアのパスタ用グレイヴィ（つまりソース）への移行の橋渡しをした材料と考えられる。ヨーロッパの料理用語にトマトが加わったのは「その形が見慣れたものとなってから、つまりトマトの場合で言えばソースの形になって初めて、伝統的な料理法に適応すると同時に新しい色と味をもたらした」[10]ときだった。しかし、トマトソースがパスタに使われるより何世紀も前から、トマトは肉料理のソースに使われていた。トマトを使う料理について書かれた最初の文献は、1554年にピエトロ・アンドレア・マッティオーリが書いた植物学の本である。またヨーロッパの文献に最初に登場するトマトソースは、1692年にアントニオ・ラティーニがナポリで出版した『現代的な給仕頭 *Lo scalco alla moderna*』にある、ゆでた肉に添えるスパイシーなソースだった。ヴィンチェンツォ・コッラードの『粋な料理人』(1773年)には、子牛、チョウザメ、ザリガニ、卵の料理に使うトマトソースのレシピがある。

19世紀初頭にイギリスとアメリカの文献に最初にトマトソースが登場したときも、やはりそれは肉料理に合わせるソース(グレイヴィ)だった。たとえばリチャード・アルソップの『ユニバーサル・レシピブック *The Universal Receipt Book*』(1814年)にある「トマトあるいはラブ=アップルのソース」や、N・K・M・リーの『コック自身の本 *The Cook's Own Book*』(1832年)にある4種類のレシピなどである。1826年のロンドンの雑誌『ザ・ガーデナー』には「グレイヴィに合わせたトマト」と「冷肉料理のためのトマトソース」のレシピが掲載されていた。1842年にニューヨークで発行された雑誌『アメリカの農学者 *The American Agriculturist*』の記事には、トマトは「ソース、ケチャップやグレイヴィ、肉料理やパイ」に使うことができるとあった[11]。トマトを使った初期のアメリカのソースは、肉に合わせるための酢をベースとしたソースが多かった。これは第2章でとりあげたイギリスのケチャップに近いものである。トマトが新世界から旧世界の地中海料理に浸透するにあたっては、トウガラシの働きも大きかった。

●新世界と旧世界を結び付けたモーレ・ポブラーノ

メキシコのモーレ・ポブラーノをグレイヴィと呼ぶのは失礼かもしれないが、これは基本的に肉料理に合わせるソースで、トマトのグレイヴィと同じように新世界と旧世界とを結びつけるものである。言語学的に見れば、モーレはグレイヴィと同じように総称的な用語で、材料や使われ方を示すことで初めて特定のものを指す言葉になる。「モーレ」という言葉の起源はナワトル語［ユト・アステカ語族に属し、現在はメキシコなどに住むナワ族が話す言語］の「モーリ」で、ソースの意味である。他の要素を結合することで、たとえばアヴォカドのソースを意味する「グアカモーレ」や、メキシコの台所に必ずあるソースの材料をすりつぶす鉢「モルカハテ」となる。

メキシコ固有の材料と植民者が持ち込んだ材料を組み合わせたメキシコの一連のソースはすべてモーレと呼ばれる。中でも一番有名なモーレ・ポブラーノは、さまざまな香辛料やナッツを使う手の込んだスパイシーなソースでメキシコ原産の七面鳥を煮こんだ料理である。メキシコの国民食とも呼ばれるこの料理は、伝説によれば、17世紀末にメキシコのプエブラ・デ・ロス・アンヘレス［現在のプエブラ］のメキシコ人修道女が、旧世界のスパイスと新世界のトウガラシ、トマトを組み合わせ、それにチョコレートとナッツや種子などを加えて新しいソースを作りだしたということだが、

モルカヘテの中にあるグアカモーレ。モルカヘテはメキシコの伝統的な台所用品で、古代ギリシアやローマでソース作りに使われたモルタリウム（すり鉢）と形も用途も似ている。

19世紀以前に出版されたラテンアメリカ料理の本は非常に少ないので、その真偽のほどは明らかでない。ソースにチョコレートが使われていることから、それがアステカ時代の遺産ではないことは明白だ。アステカ人は儀式の際の飲み物としてチョコレートを口にするだけだったからだ。

モーレの起源については、スペイン人宣教師説、コロンブス以前の原住民の料理説、17世紀のスペイン植民地時代説など諸説あるが、モーレは明らかにこうしたすべての影響の組み合わせから生まれたものと思われる。当時の料理人は旧世界のスパイス（シナモン、クローブ、黒コショウ）と肉を組み合わせるにあたって貴族的なスペイン人植民者たちの好んだ中世のレシピを参考にし、原住民からはヨーロッパ風のソースや煮込み料理にトウガラシとカボチャの種を入れることを教えられたのだろう。そして、この料理に欠かせない豚の脂肪、ニンニク、コリアンダーはスペインから直接入手できた。

19世紀の料理書にはプエブラ州とオアハカ州の名を冠したふたつのモーレがあるが、普通はオリジナルのプエブラ・ソースに似た黒色のオアハカ・モーレのレシピだけが記載されている。[12] 黄色のモーレや緑のモーレなど各地方に独自のモーレがたくさんあるが、どれも肉料理に添えるタイプのソースである。今ではモーレ・ポブラーノは祝いの席や休日の食卓に上るのが一般的だが、地方ごとのモーレは日常的に食べられている。

メキシコの植民地から帰ったスペイン人は、トマトとトウガラシを好む食習慣をヨーロッパに持ちこんだ。16世紀のアステカ族のソースでは、トマトは赤や緑のトウガラシほどには重視されていなかった。スペイン帝国の一部だった頃のナポリで、ラティーニが「スペイン風トマトソース」のレシピを発表しているが、このソースの場合はトマトがメインでトウガラシはスパイスとして扱われていた。ファン・デ・ラ・マタは『パスタ料理術 *Arte de reposteria*』（1747年）で「スペイン風ソース」はラティーニのレシピにアステカのルーツが注がれているようだが、トウガラシは使わない[13]」と書いた。

イタリアの料理人はこの変化に抵抗を続けたようで、コッラードの「スペイン風」ナポリタンソースと「トマトの」ナポリタンソースはともに赤トウガラシを使っていた。これらのソースはどれも肉料理に合わせるものだったが、次の世紀にグレイヴィが肉料理用からパスタ用へと変化する前兆と見ることもできる。

コッラードはほかにも聞いたことがあるような名前の肉用ソースのレシピを残しているが、材料は多少従来とは違うこともあった。子牛の腎臓に添えたペストソースの初期のものにはピスタチオ、スパイス類、レモン果汁が入っていたが、ハーブ類は入っていなかった。「猟師風」ソースはワイン、ニンニクとスパイスを使いパン粉でまとめてあったが、現在のトマト、赤ワイン、タマネギを使う「猟師風」とは似ていない。しかしよく使われるロベールソース（サルサロベルタ）はかなり原型に近く、タマネギ、バター、ケイパー、コリアンダー、ワインを使っていた。コッラードの18世紀の料理書を見ると、ソースの進化に関してはイタリア人はフランス人に後れをとっていたようで、15種のクーリのレシピのほとんどはトーストしたパンでとろみをつけている。

●トマトソースはいつイタリアに登場したか

パスタにからめるトマトソースがいつイタリアに登場したかという問題にはまだ決着がついていないが、１８２０年代にはすでにイタリアで知られていたらしい。(14) トマトを使うパスタのレシピが最初に見られる文献はイッポリート・カヴァルカンティの『料理の理論と実践 *Cucina teorico-pratica*』（１８３７年）と『ナポリ方言による家庭料理 *Cucina casareccia in dialetto napoletano*』（１８３９年）である。

前者には、マッシュルーム、白ワイン、基本のソースを濾したものを使う「イタリア風ソース」

とか、カブ、パースニップ、コリアンダーに白ワインと基本のソースを合わせる「スペイン風ソース」などの肉料理用のソース（トマトを使うものも使わないものもある）も多く載っていた。肉料理用のトマトソースにはパセリ、バジル、トマトをバターで調理するものがあった。後者の『家庭料理』のほうにはもっとパスタ用のソースが多く記載されており、前者の本にある上流階級の食事（おもに肉が多いことが特徴）と後者に記載されたバーミセリ［細いパスタ］やマカロニ、あるいはフリッタータ［具を混ぜて焼いたオムレツ］にトマトソースを添える中流以下の質素な食事との違いがわかる。

　このように家庭料理用のレシピにトマトが多く出てくることから、イタリア南部のあまり裕福でない家庭ではもっと早くからトマトソースのパスタを食べていたとも考えられる。しかしカヴァルカンティ以前の料理書には、トマトソースは出てこないのだ。１８９１年にペッレグリーノ・アルトゥージがイタリア初の国民的料理書『料理の科学 *La scienza in cucina*』を出版した頃には、トマトソースはもはやどこでも見られるようになっていた。アルトゥージが「サルサ・ディ・ポモドーロ（トマトソース）」のレシピの最初に、やたらに人の話に口を出すでしゃばりの司祭が「ドン・ポモドーロ（トマトさん）」というあだ名をつけられたが、それは「トマトは何にでも入るから」だという逸話を紹介しているのが何よりの証拠である。[15] まさにその通り、アルトゥージのトマトソースは肉にもパスタにも使うことができた。

　アルトゥージの料理書はイタリア料理をひとつの体系としてまとめる意図で書かれたものだが、

地方色豊かなレシピも多少はあった。イワシを使ったマカロニの「シチリア風」、トマトを使う「ナポリ風」マカロニと、トマトを使わずクリームと子牛肉を使うマカロニ「ボローニャ風」などである。この本にはフランスのソースに対するライバル心も垣間見え、イタリアの「バルサメッラ」ソースはフランスのベシャメルソースより簡単だが同じぐらいおいしいという記述もあった。実はどちらも同じソースである。1929年にはもう1冊、イタリアの国民的料理書が出版された。アダ・ボーニの『幸福のお守り *Il talismano della felicità*』である。しかしこれにはパスタのためのトマトソースは2種類しか載っておらず、ベシャメルソースはフランス人ルイ・ド・ベシャメルが考案したと書いてあった。

マルチェラ・ハザンは著書『伝統的イタリア料理の本 *Classic Italian Cook Book*』(1973年)の前書きで「イタリア料理などというものはない」ときっぱり書いているが、本編では「ベシャメルソースは、その名前に似合わず完全にイタリアのソースである」と愛国心をこめて宣言した。ロマーニャ地方では「フランス人がベシャメルという名をつけるはるか前から」「バルサメッラ」として知られていたというのだ。(16) あらゆる証拠から考えて、ベシャメルソースはフランスのものだろう。たとえ場合によっては「完全にイタリアのソース」として機能することがあるとしてもだ。ソースはそれぞれの国の国民としてのプライドおよび料理の独自性の問題と密接に結びついているが、これについては最終章で考えることにする。

◉地域ごとにかなり違うパスタ「ソース」

イタリア料理のたとえばパスタなどの個別の名前は、それが生まれた土地や特定の材料によって決まる。バジルを使うジェノヴァのパスタソースであるペスト・ジエノヴェーゼは『ジェノヴァの真の女料理人 *Vera cuciniera genovese*』（１８６３年）に初めて出てくる。もっとも同じような材料で作るレシピは何世紀も前から広まっており、たとえば15世紀にはマルティーノのパルメザン、フレッシュチーズ、サラダ菜を使うソースがあった。[17] バジルを使うパスタソースのペストは20世紀後半までリグーリア州以外ではあまり知られていなかった。

その他のパスタソースがいつできたかを知るのは難しい。１８６１年にイタリアが統一国家となった頃から地域ごとの料理書が出版されるようになったが、それ以前のパスタは地域を超えて伝わるものではなかったからだ。さらに少なくとも18世紀までは、パスタはおもに低所得層の食べ物であり、裕福な家庭向けに書かれる料理書に載ることもなかった。よく知られているパスタソースの中には、現代（19世紀以降）の料理書が標準的なレシピを定める何世紀も前から低所得層の家庭で食べられていたものもあったに違いないのだが、なにしろ高級料理ではなかったから、イタリアのパスタソースには、エスコフィエの『フランス料理』やソルニエの『フランス料理総覧』のような手引書はないのである。

イタリアのパスタソースが初期の形からどのようにして現在の形になったのか、その進化の過程

スパゲティ・アッラ・カルボナーラ。カルボナーラはベーコン、卵、チーズで作るこってりしたソース。

をたどるのは難しく、フランスのソースのようなわけにはいかない。だからパスタソースの歴史には伝説がつきまとっている。

ベーコン、ニンニク、溶き卵、パルメザンチーズまたはペコリーノチーズで作るスパゲティ・カルボナーラは、その発祥の地とされるラツィオ州、アブルッツォ州の炭鉱夫が体力をつけるために食べたのが始まりだと言われている。1966年、イタリアの俳優ウーゴ・トニャッツィは、彼の主演映画『歓びのテクニック』のニューヨークにおけるプレミア上映会の夕食メニューにスパゲティ・カルボナーラを選んだ。観客はほとんどがアメリカ人である。トニャッツィは、トマトソースでは貧弱でラグー［ミートソース］はありふれているが、卵とベーコンのソースならアメリカ人も気に入るだろうと思ったのだ。しかし「イタリア料理を愛するあまり」彼はそのシンプルなソースにクリームとワインを加えて「アメリカナイズ」し、招待客になじみのある脂肪とアルコールをたっぷり使った味にしたほうがいいと考えたのだった。(18)

ラツィオ州の町アマトリーチェは、ブカティーニ［スパゲティより少し太く、穴のあいたロングパスタ］やペルチャテッリ［ブカティーニより太い穴あきロングパスタ］にからめる、アマトリチャーナソース（ベーコン、トマト、トウガラシ、ペコリーノチーズ）の故郷と言われている。スパゲティ・アーリオ・オーリオはローマ生まれで、その質素な材料（オリーブ油とニンニク）にもかかわらず、今ではおしゃれなローマの若者たちに人気である。夜の外出の途中でちょっとトラットリアに立ちより、アーリオ・オーリオのスパゲッタータ（スパゲティの軽食）を食べるのだ。もちろ

カルロ・ブロージ（1850〜1925）の作品「ナポリのマカロニ売り」。写真。

んそのあとで、口臭を防ぐミントキャンデーを食べるに違いない。

カチョエペペは、おろしたチーズと黒コショウにパスタのゆで汁を少し加えただけの、ナポリ生まれのシンプルなソースである。パスタだけあるいはパスタに簡単なソースをからめただけのものが１日の食事のすべて、というような17世紀のナポリの食事の貧しさとシンプルさを物語るものだ。

一方、その対極にあるのがフェットチーネに合わせるアルフレードソースである。クリーム、バター、チーズをたっぷり使うソースで、１９１４年に初めてこれを作って名前の由来となったローマのレストラン、アルフレード・ディ・レーニオでは金のフォークとスプーンで仰々しく混ぜていた。アメリカの多くのイタリアンレストランがこれを採りいれ、もともと十分にコクがあるこのソースをいくらでも追加できるようにしている。

ラグーはボローニャが生んだ有名なミートソースだが、ナポリではショートパスタと一緒に食べるための肉をゆっくり煮込んだ料理をラグーという。フランスにも、同じ名前のよく似た料理がある。伝統に忠実であろうとするなら、ボローニャのラグーにはトマトを入れてはならない。なぜならギリアン・ライリーによれば「『ボローニャは博学、ボローニャは肥満体』と言われたように、ボローニャはトマトが入ってくるずっと前から、その高い学識と食のレベルを誇っており、トマトが入ってきてボローニャのソースを濁らせ、もともとおいしいミートソースに必要でもない味を加えた」からだ。[19] しかしラグーのレシピの多くはこの新世界から入ってきた果物を使っている。たとえばマルチェラ・ハザンのレシピはミルク、白ワイン、缶詰のトマトを使っていた。ハザンは1995年の改訂版レシピでもトマトソースを支持し「おいしいトマトのフレッシュさ、ストレートさ、豊かさを活かし、それに一番よく合うパスタを選んで合わせたものほど、イタリア料理の本質を明確に表現する味はない[20]」と書いている。

パスタソースの歴史をたどろうとすると、言葉の問題も出てくる。イタリア語には「スーゴ」「サルサ」をはじめ、ソースを意味する単語がたくさんあるのだ。コッラードの著作やフランチェスコ・レオナルディの『現代のアピキウス *L'Apicio moderno*』（1790年）など18世紀の料理書は、クーリを他のソースのベースにするところまではフランスの例にならっている。レオナルディには現代のイタリアの肉料理に使われるトマトベースのソースによく似た「トマトのクーリ」のレシピがあるが、このクーリ（肉をベースにしたものだが、具体的に何とは書かれていない）は料理の材料として扱われている。

カヴァルカンティはエスパニョールソースに似た基本ソースを「スーゴ」と呼び、肉やパスタ用のソースは「サルサ」と呼んでいる。アルトゥージはベースのソースすなわちクーリとしての「スーゴ」と香辛料やハーブを加えてできあがったソースとしての「サルサ」を使い分けている。アルトゥージがあげた4種のスーゴのうち「トマトのスーゴ」は煮たトマトを濾しただけのもの、「肉のスーゴ」は「サルサ・スパニョーロ」と解説されており、明らかにエスパニョールソースのことである。

アルトゥージはまた、パスタソースについては「インティンゴロ」と呼び、肉料理に使われることの多い「サルサ」と区別している。「インティンゴロ」という名詞は「液体にひたす」という意味の動詞「インティンジェレ intingere」から来ており、辞書によればこの名詞は「肉の煮汁あるいは焼いた肉から出た液体（つまり肉汁）」を指すので、パスタソースに使うのは少しおかしい。「インティンゴロ」がソース全般を指して使われることもある。

しかし料理の世界では、文字に書かれた「レシピ」が必ずしも現実を反映していないことも多い。多くのイタリア人はソース全般（肉料理のソースもコンディメントも）を指して「サルサ」を使い、パスタに「スーゴ」を使う。「インティンゴロ」はあまり見かけない。ただし、こうした用語には地域差も多い。アダ・ボーニはベースのソース（ただし牛や豚のグレイヴィを濃縮したものは「煮込みのスーゴ」と呼んだ）と（酢または卵ベースの）コンディメントソースには「サルサ」を使い、パスタソースを「コンディメント」と呼んでいた。イタリア料理ではソースはパスタにからめるもので、パスタをひたすものではないとの考えにしたがってのことだろう。

ボーニの「煮込みのスーゴ sugo d'umido」という用語はわかりにくい。文字通り解釈すれば「じめじめしたソース」あるいは「シチューのソース」となるが特にレシピはなく、あらかじめそれが用意されているのが当然と言わんばかりである。ハザンはパスタソースに「スーゴ」を使うのは正しいが、この言葉を翻訳するのは無理だと言っている。言語学的に見ても「ソース」は複雑で、誤解も誤訳も避けられないということである。

●イタリア系移民と「祖母」の味

カヴァルカンティのナポリ料理の本『料理の理論と実践』にあるトマトを使ったバーミセリの料理は、パスタにトマトを使った最初のレシピと言われている。その「バーミセリのタンバル」は、半分に切った生のトマトと生のバーミセリを重ねて層にし、一番上にラードかバターを置いて焼いたものである。これとまったく同じレシピが、特に考案者の名前を記すこともなく『シンプルなイタリア料理 *Simple Italian Cookery*』（１９１２年）に掲載されている。

これはアメリカで最初に出版されたイタリア料理の本のひとつで、筆者はイタリア風のペンネーム、アントニア・イーゾラを名乗っていたが、実際にはローマ在住のアメリカ人、メイベル・アール・マクギニスだった。彼女のレシピにはトマトを使うものが多かったが、マクギニスはトマトピュレが手に入らない場合は生のトマトか缶詰のトマトで代用するようにと書いている。つまり、トマトピュレという重要な材料が当時はまだあまり広まっていなかったのである。彼女はソースのレシピの多くにイタリア風の名前を使い、いくつかのレシピには「シチリア風ナスのマカロニ」とか「ナポリ風バーミセリのタンバル」のように地名を使って地域性を強調していた。

トマトソースのパスタがアメリカに登場したばかりの頃は、サラ・ルートリッジの『カロライナの主婦 *Carolina Housewife*』（１８４７年）に見られるように、それをナポリ風と称することがあった。しかし、トマトソースとナポリは最初から結びついていたわけではない。イギリスとアメリカで出版されたリーの『コック自身の本』（１８３２年）の「ナポリ風マカロニ」は、マカロニとチーズにミルクでなくグレイヴィをかけて焼いたものだった。１９３０年代には、イタリアの出版物は、ボーニの「ナポリ風バーミセリ」のように、トマトソースには決まってナポリタン（ナポリ風）の名前をつけていた。

現在のアメリカでは、トマトソースは「マリナラソース」「スパゲティソース」と呼ばれ、あるいは一部の地域では「(赤い) グレイヴィ」とも呼ばれて、家庭でもレストランでも圧倒的な人気を誇っている。１９５０年代から１９８０年代まで、アメリカではトマトソースは広く「スパゲティソース」と呼ばれていて、アメリカ人がひたすら1種類だけのパスタに1種類だけのソースを合わせて食べていたことがよくわかる。イタリアでは伝統的に地域ごとにソースがあり、それに一番合うパスタがあるのとは対照的である。

イタリア系アメリカ人の料理と言えば一番に思い浮かぶのは、日曜日に食べる「サンデーグレイヴィ」つまりミートソースだ。その起源は、イタリアからの移民がニューヨークその他の町に着いたときにさかのぼる。彼らは労働者として比較的生活に余裕があり食材も豊富にあったことから、独自の食習慣を作りだした。アメリカに移住してきたイタリア人は故郷にいたときよりも肉をよく食べるようになり、買いこむ食材——オリーブ油、野菜、チーズ、塩漬け肉——の量も増えた。シチリア系アメリカ人のグレイヴィは肉がたくさん入っていたから、グレイヴィという言葉が当初の肉料理用のトマトソースからパスタソースを意味するように変わったことは想像に難くない。イタリア系アメリカ人にとってグレイヴィは単なるソースではなくて経済的な成功を象徴する食べ物であり、だからこそソーセージ、ポークチョップ、ポークリブ、ミートボール、詰め物をしたビーフロール（ブラチョーレと呼ばれるイタリア系アメリカ人の新しい料理）を入れて食したりするのである。

「サンデーグレイヴィ」はその作り手の数だけ種類があるが、それぞれのレシピを見れば、その料理がもつ意味を知る簡単な手がかりが見つかる。レシピで材料に特定の肉の部位や切り方を指定する作り手もいれば、材料のリストに細かい指定なしでいきなり「2ポンドの肉」とか「炒めた肉」と書く作り手もいるのだ。肉に代表されるような故国ではなかなか手が届かなかったものを新世界ではたくさん使えるということ、つまり自分たちの豊かさを、使う肉の量で示すことに重きが置かれていたのである。

新世界版になったトマトグレイヴィは、しばらくはイタリア系の家庭とそのコミュニティの中だけに、特に日曜日のご馳走として留まっていた。これは新世界における家族の結びつきを強調する儀式であり、昔から続く伝統なのだという幻想を生みだした。イタリア系アメリカ人にとっての日曜日のご馳走とは、食べ物で温かいもてなしの心を伝え、食べ物の豊かさを誇る機会であり、それは南イタリアの労働者ではできないことだった。

「サンデーグレイヴィ」のレシピは多くの場合祖母の記憶だのみで、いわば家族の秘伝であり、家庭の外にもちだされることはほとんどなかった。印刷されることがあったとしても、たいていは教会の教区や地域のコミュニティが作るローカルなレシピ集に載る程度だった。そのためトマトグレイヴィが登場した時期を特定するのは難しいが、サンデーグレイヴィのレシピは何世紀も前からあって故国イタリアから持ちこまれたものだという伝説とは異なり、19世紀のアメリカで生まれたものであること、そしてイタリアからの移住者が家族の祝い事をするときに、昔よりいい食材が買えるという境遇と伝統的な食習慣との組み合わせから生まれたものだということは明らかである。

グレイヴィのレシピと旧世界との関係は現実的というよりシンボリックなものだった。コッラードの『粋な料理人』にある「マカロニのティンバロ」はパスタが初めて高級料理として登場したレシピで、ビーフグレイヴィ、ソーセージのラグー、豚肉、ハムで作ったソースをかけたマカロニをパイ皮に入れて供するものだった。塩味のパイは豊かさのシンボルとして中世初期から貴族の食卓に出されている。アメリカへやってきた労働者階級のイタリア人は、同じ材料で、外側を包むパイ皮のないものを作った。豊かさのシンボルは大皿に豪勢に盛りつけた肉とパスタになったが、それ

「ラグー」のラベル。1968年。今の「パスタソース」のラベルではなく、「スパゲティソース」と呼ばれていた頃のもの。

はイタリアでは不可能だった生活の向上を可能にするアメリカの文化にふさわしいものだった。

アメリカで完全に商品化されたソースは19世紀末のイタリア系アメリカ人のソースから生まれたものではあるが、実際には移住者が各地域からもたらしたものを市場向けの「イタリア料理」というものに統一したものだった。週1回のご馳走の一部だったものが、今では多くのアメリカの家庭で、たまには家族の夕食に市販のトマトソースを買ってすまそうというときに食べるものに成り下がった。

今アメリカで一番売れているパスタソースは、イタリアのビスティッチから移住したジョヴァンニとアッスンタのカンティザーノ夫妻が１９３７年にニューヨーク州ロチェスターで発売した「ラグー Ragú」ブランドの「旧世界風」ソースである。しかし左下がりのアクセントのついた「Ragú」はイタリア語ではない。これは後ろにアクセントをつける発音をアメリカ風に表記したもので、１９６９年から１９９２年までのラベルに書かれていた。同じくラベルにあったアメリカで広くパスタ全般に使えるソースという意味での「スパゲティソース」もアメリカ的な発想のネーミングだった。ほかのイタリア系アメリカ人の食習慣と同じく、このソースもいかにもイタリア起源らしく見せるために、ボローニャの「ラグー ragù」から命名したのだろう。

たしかにボローニャはラグーで有名だが、このアメリカ版ソースにはボローニャのソースとの共通点は何もない。アメリカ版ラグーはトマトだけで肉はまったく使っていない。少なくとも「トラディショナル」と「マリナラ」はそうだ。ただひとつイタリアとの関連を物語るものはラベルに描かれた絵——ヴェネツィアのゴンドラのイラスト——だけで、このイラストは1992年に「イタリア風だ！ That's Italian!」と書いたキャッチフレーズがラベルから消えたあとも残った。トマトソースはボローニャでもヴェネツィアでもなく南イタリアからアメリカへ来たものだろうが、19世紀のアメリカで必要に迫られて、統一体としてのイタリア料理のイメージを作り出した初期の移住者たちのおかげで、ゴンドラのイラストはアメリカの大衆に「イタリア風」のイメージを伝えることができた[21]。

このイラストのイメージは非常に効果的で、「グレイヴィ」の中には肉の風味がまったくない（本当に肉は全然使ってない）ソースがあってもいいということになり、今もこのラベルをつけている。あるアメリカのスーパーマッケットチェーンは、ハウスブランドのパスタソースのひとつとして肉を使わない「シチリアングレイヴィ」の瓶入りを販売している。

サンデーグレイヴィあるいはマリナラは、アメリカ風イタリアンのパスタ用トマトソースの中で一番広く使われているが、ニューオーリンズの「レッドグレイヴィ」(「クレオールグレイヴィ」とも呼ばれる)もアメリカ風のイタリアンソースである。これはルー、コショウ、ピリ辛のチリソースを使う中南米のクレオール料理風のソースである。塩漬け肉などをはさみオリーブを添えるマフレッタサンドイッチと同じく、このソースもイタリア系移民の文化と19世紀のニューオーリンズの食文化が混合して生まれたものだ。シチリアからの移住者が来る前からクレオール料理にはトマトソースがあったが、イタリア系移民が来たことで、そのソースを肉やライスではなくパスタにかけて食べるようになったのだ。

アメリカ南部の料理にもトマトグレイヴィがあるが、これはビスケットやライスやジャガイモにかけるだけでパスタには使わないし、たいていは朝食に食べるものだ。これはまずベーコンの油と小麦粉でルーを作り、角切りのトマトを汁ごと加え、水か牛乳で水分をととのえて作る。このグレイヴィのレシピの多くはこれが南部の料理であり、「ママの味」としての伝統があることを強調している。イタリア系アメリカ人のグレイヴィについて「お祖母ちゃんの味」が力説されているのと同じことである。

肉の入っていない「シチリアングレイヴィ」の瓶入り商品。イタリア系アメリカ人の伝統的なサンデー・トマトソースには肉が欠かせなかったのに、これは不思議な改変。

第5章◉ちょっと変わったソース

たいていのソースは何かしらのグループに属している。似たようなソースでファミリーを作り、それぞれに一定の用途がある。基本的にはソースがなくても食事は成り立つものであり、だからこそソースは新しい工夫と創造力を発揮できる舞台でもある。形式的な分類はあるが、かなりの数のソースが分類に当てはまらず、ソースらしさの境界をひろげている。

比較的種類も少なく、デザートコースが当然あるものとして認定された18世紀以後になって広まったものだという点から見れば、デザートソースなどは「はみ出し者」と言えるかもしれない。伝統的なフランス料理のソースの名前は、歴史上の人物や特定の材料からとったものと推定できることが多いが、たとえば「ウェールズのウサギ」というチーズトーストのソースのように訳のわからない名前や、由来について意見が分かれる名前のソースもある。シャンティイソースのように通説は間違いだという証拠があがっているのに、いつまでも伝説的な由来が語られているものもある。奇妙な材料に首をかしげてしまうソース（スワンソース）、一度聞いたら忘れられない名前のソース（XO醬）、あるいは同じ名前でもさまざまな種類があるソース（タルタルソース）もある。

この章で扱うのはそんなソースである。最後に、最新の調理技術はソースの定義そのものに挑戦するような、実に奇妙なソースを生みだしているので、それについても触れる。

◉デザートソース

食事をしめくくるためのコースの一部としてさまざまな材料を組み合わせたソースを出すというのは、世界の料理全体から見ればまだめずらしいことで、おもにヨーロッパと北アメリカで見られる風習である。高級フランス料理では、デザートはメインコースの調理場（キュイジーヌ）とは別の調理場（オフィス）で作るものとされている。カレームはこの区別を明確にし、エレガントで芸術的なデザートは、シェフ・ドフィス・アビエ（chef d'office habilé）［デザートシェフ］の仕事で、見事に仕上がったメニューはシェフ・ド・キュイジーヌ（chef de cuisine）［料理長］の優れた腕前を見せるものだと書いている(1)。

デザートソースはソースではなく「クレーム」と呼ばれることが多く、フランス料理で一番よく使われるデザートソースはクレームアングレーズと呼ばれるカスタードである。アングレーズとはイギリス人のことで、イギリス人がカスタード好きなためこの名がついた。ラ・ヴァレンヌの『フランスの料理人――17世紀の料理書』にあるクレームアングレーズは甘みのない、単にとろりとしたクリームだったが、フランスのレシピは次第に卵を使った薄いカスタードに進化した。このソースが広くクレームアングレーズと呼ばれるのに対抗し、カレームは著書『パリの料理人』（１８２８年）で自分のカスタードクリームをクレームフランセーズと呼んだ。料理用のソースの場合はそうでもなかったが、デザートソースには愛国的な態度をとったのである。

　フランス語で言うクレームシャンティイは、ふつうバニラのフレーバーがついたホイップクリームのことである。このクリームはよく17世紀のコンデ公の給仕長フランソワ・ヴァテールの考案と言われるが、それは間違いである。このソースの奇妙な点は、１６７１年にシャンティイ城でルイ14世のために催された有名な晩餐会に材料の魚の到着が間にあわず、責任を感じたヴァテールが自殺したという話と一緒にして語られることである。シャンティイクリームという名前は、実際には18世紀にムノンの『宮廷の夜食 *Les Soupers de la cour*』（１７５５年）にあるフロマージュ・ア・ラ・シャンティイ・グラッセで初めて使われたのだ。これは濃い生クリームをホイップして砂糖と橙花《とうか》水《すい》［オレンジの花の抽出蒸留水。菓子類の香料や化粧水として使われる］でフレーバーをつけ、チーズの型に盛ったものだった。[2] クレームフエテ［ホイップしたクリーム］と呼ばれる甘みをつけたホイップクリームはこのムノンのレシピ以前にも存在したが、これ以後はクレームフエテとクレームシャンティイが同じ意味で使われるようになった。実はムノンは同じ料理書にクレームフエテを使うレシピも書いているが、フエテのほうには卵白またはヴェッチという豆から作る粉末のスタビライザー（安定剤）を加えていた。シャンティイ城とルイ14世とのつながりやそこから連想される豪華な食事……こうしたイメージが実際より古い由来をこのソースにまとわせ、根も葉もないことなのにいつまでも伝えられているのだ。

フランス料理で初めてチョコレートが使われたのは、デザートではなくカモ料理のソースだった。1691年出版のマシアロの料理書にあるチョコレートラグーである。このレシピの興味深い点は、これがチョコレートの非常に早い使用例であることと、この料理は教会の定める肉食禁止の日にちょうどいい、なぜならカモは水辺にすむ冷血動物だから肉ではなく魚なのだ、と推奨していることである。17世紀末のフランスではチョコレートは目新しい品だったが、ソースに加えるために「チョコレートを作る」という指示では、現代の読者にはどうすればいいかわからない。またマシアロは、ミルク、卵黄、砂糖を加えたチョコレートクリームソースは「どこでも好きなところで」使っていいと書いている。(3)

◉妙にアメリカ的なもの

アメリカでは、チョコレート、イチゴ、バタースカッチのフレーバーをつけた甘いソースをアイスクリームサンデーなどのデザートにかける。デザートにチョコレートソースをかけることに何も妙なところはないし、たくさんのガラス瓶に入ったデザートソースが販売されているのだが、金属の缶に入って売られているものはめずらしい。ハーシーのチョコレートシロップは、ハーシーチョコレート社が板チョコとココアパウダーの製造で成功したあとミルトン・S・ハーシーが長年温

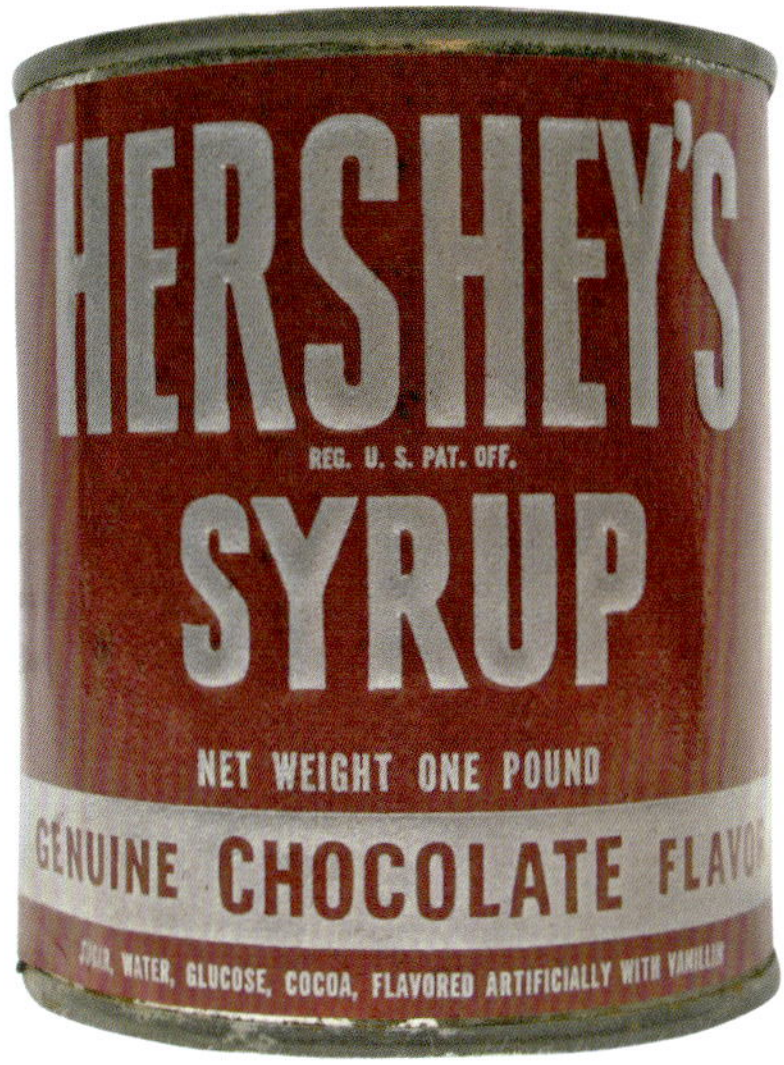

ハーシーズのチョコレートシロップの缶。1950年代。

めていた計画のひとつであり、主任化学技師サム・ヒンクルの手で完成されて1926年に発売された(4)。

この商品はまず、ソーダ・ファウンテンやアイスクリームパーラーなどの業者向けに2種類の濃さで販売された。薄いほう（シングル）はソーダ水用で、濃いほう（ダブル）はアイスクリームのトッピング用である。この商品は発売と同時に大ヒットとなり、1928年の末には家庭向け商品が、注ぐのに便利で長く保存できるように缶入りで売り出された。ハーシー社のペンシルベニア工場ではすでにココアパウダー用に自社のロゴ入り缶容器が製造されており、まもなくシロップ用の缶を作る機械も導入されて工場敷地内で製造を開始した。チョコレートソースは1979年にプラスチック容器が採用されるまでずっと缶入りのみだった（今も450グラム入りと3・5

ローストターキーとクランベリーソース。アメリカの伝統的な感謝祭のご馳走。

キロ入りの缶は販売されている）。缶入りチョコレートシロップは、サバイバル訓練をする人やプラスチック容器より缶入りのほうがチョコレートらしい味がすると言う人たちのあいだに根強いファンをもっている。

もうひとつ、今は当たり前になっているが考えてみれば不思議なソースがある。おもに感謝祭の日に食べる七面鳥に添えるクランベリーソースである。この組み合わせの正当性を歴史に見る人もいる。塩味の七面鳥と甘酸っぱいソースの取り合わせは、野鳥と果物を合わせた中世の料理を思い起こさせ、ニューイングランド地方に自生するクランベリーは、ピルグリムファーザーズが新世界に上陸した地を思い出させるというのだ。七面鳥に初めてこのソースを組み合わせたのは、アメリア・シモンズの『アメリカの料理』（１７９６年）である。ローストした肉に酢漬けのコンディメントをとり合わせるイギリス人の好みに合わせ、彼女は詰め物をした七面鳥にはクランベリーソース、マンゴー、ピクルスやセロリが合うと勧めている。クランベリーソースの作り方は載っていないが、材料の種類が少なく、作り方も簡単だ。

しかし、アメリカ人が大好きなのは缶詰のクランベリーソースなのである。市販のクランベリーソースは1912年にマサチューセッツ州のケープコッド・クランベリー社（のちにオーシャン・スプレー社となる）が初めて売り出した。肉と果物を組み合わせるのは納得できるとしても、手の込んだご馳走の皿にゼリー状のソース、それも缶から出したままの形でプルプルゆれている真っ赤な物体を添えるというのはちょっと理解しがたい。祝日の食卓に一目で出来合いとわかる品が侵入するのはおかしいはずだが、アメリカの多くの家庭では、感謝祭の手作りのご馳走は缶詰のソースがなければ完成しないと考えられているのである。

感謝祭と同じくらいアメリカ的なものと言えばマクドナルドだが、そのビッグマックには1968年から「スペシャルソース」が添えられている。2012年6月、その秘密のレシピがマクドナルドのウェブサイトで公開された。カナダ支社のエグゼクティブ・シェフ、ダン・クドローが、マヨネーズ、薬味のピクルス（キュウリのピクルスをきざんだもの）、マスタード、白ワインヴィネガー、ニンニク、オニオンパウダー、パプリカを使ってカナダ版ビッグマックソースを作るところを見せたのだ。[5] 商品に添えるソースにはさらにキサンタンガム［デンプンを醱酵させて作る多糖類で増粘剤に使う］と何種類かの保存料が入っている。アメリカのビッグマックソースにはさらに異

マクドナルド、ビッグマックの「スペシャルソース」。材料はマヨネーズ、マスタード、きざんだピクルス、スパイス。

性化糖［甘味料］、カラメル色素［着色料］、保存料が添加されているが、基本的には同じものだ。ビッグマックソースにケチャップが入っていなかったとは驚きである。

しかし、ケチャップをベースにした地方色豊かなソースがふたつある。ユタ州の「フライソース」（ケチャップとマヨネーズ）は1940年代から普及しており、ミシシッピ州の「カムバックソース」（ケチャップ、マヨネーズ、チリソース）は1920年代にまず州都ジャクソンのギリシア料理レストランで出されたものだが、今では塩クラッカーにでも何にでも添えて出されている。

ピリッとした赤いソースでおなじみの「バッファロー」のチキンウイングは、ニューヨーク州バッファローの「アンカーバー」で1964年に誕生した。「アンカーバー」を経営していたテレサ・ベリッシモが息子とその友だちの軽食として、ありあわせの鶏の手羽

トウガラシソースを使ったバッファローチキン

肉、マーガリン、ホットペパーソースを使って手早く作ったのが始まりだと言われている。今ではバッファローソースはピザ、サンドイッチ、ブリトー［ひき肉、チーズ、豆などをトルティーヤで巻いたもの］などに使われており、カジュアルなレストランはそれぞれ独自のレシピをもち、辛さもマイルドから焼けつくような辛さまでそろっている。ソース自体は基本的には酢とオイルとスパイスでできており、目新しいものではない。アピキウスのコショウをきかせたソースや中世の鮮やかな色をしたピリ辛のソースと同じ系譜につながるものである。鶏の手羽肉はソースを味わうためにあるだけで、ソースは辛ければ辛いほどいい。

燃えるように辛いソースの愛好家には、怖い物見たさの、向こう見ずとも言える性向が共通している。ハバネロやゴーストチリ［北インドやバングラデシュで産するとても辛いトウガラシ。ブート・ジョロキアとも言われる］や大量のカイエンヌペパーを使ったソースを使い、最高に辛いチキンウイングを売り物にしているレストランでは、それに挑戦する客があとを絶たない。これはもはや歓びより苦痛を呼びおこすソースだ。だがその苦痛に喜々として耐えるために、たくさんの客がやって来るのである。

◉不思議な材料のソース

中世にも奇妙なソースはいろいろあったが、その筆頭はイギリスで人気のあったレシピで白鳥料理だけに添えられた内臓のソースだろう。できあがったソースは黒く、白鳥の内臓を白鳥の血、酢またはワインとスパイスで煮たものである。『フォーム・オブ・カリー』(1390年頃)のレシピでは、レバー、臓物、パンの皮、白鳥の血、クローブ、コショウが使われている。白鳥を食べられる身分の人にふさわしい珍味として、このソースは17世紀を通して広く知られていた。中でも1660年のロバート・メイのレシピはもっとも権威あるものだった。「ソースは白鳥の内臓であるべきだ。それをソース皿に入れて供すること」(6)だそうである。

白鳥のソースほどではないがやはり奇妙なのが、1種類の肉だけに使う2種類の材料だけで作るアメリカのソース、レッドアイグレイヴィである。まず、塩漬けにしてスモークしたバージニアハム(スミスフィールドハム)というものがある。17世紀半ばからのアメリカ南部の伝統食だ。このハムのスライスを熱したフライパンに入れて焼く。そこへ熱々のコーヒーを入れて完成である。ハムから出た脂肪とコーヒーが一緒になるとコーヒーの水分と脂肪が分離してグレイヴィの真ん中

1898年のハインツ・セロリソースのラベル。当時はセロリソースがアメリカの家庭でもレストランでも大人気だった。

に赤い「目」のようなものができるのが名前の由来である。アンドルー・ジャクソン将軍（のちに大統領になる）のコックがこのソースを初めて作った日、前の晩の飲みすぎのせいで目が充血していたことからこの名がついたという伝説もある。これもいかにも南部料理にふさわしい話なので、南部人のプライドと結びついて広く語り継がれている。

　イギリスでケチャップが熱狂的な人気を誇っていた頃、ウィリアム・キッチナーは『料理人の神託』（１８１７年）でこの濃い味のケチャップを使う他の料理とともに「プディングケチャップ」のレシピを発表した。これはクローブとメースを14日間漬けておいた２５０ミリリットルのブランデーまたはシェリー酒を５００ミリリットルの砂糖シロップと混ぜたものだった。キッチナーはこれに溶かしバターを混ぜればおいしいデザートソースになり、何年も保存できると主張した。本当だと信じたいところではある。

今では奇妙な気がするが、19世紀のアメリカではセロリソースがコンディメントとして広く使われており、１８７１年にソースの販売を開始してからのハインツ&ノーブル社の主力商品のひとつだった。同社を引き継いだＨ・Ｊ・ハインツ社は、ケチャップが中心商品になるまでセロリソースの生産を続け、このソースは健康によいと宣伝していた。セロリは脳と神経の機能を高めると信じられていたのである。(7) 実際、ゆでたセロリとクリームを使う手作りのセロリソースのレシピは、スザンナ・カーターの『倹約家の主婦』（１７９６年）やメアリ・ランドルフの『ヴァージニアの主婦』（１８２４年）などにも載っている。このコンディメントは鳥のローストやボイルに添えるテーブルソースとして、20世紀初頭に下火になるまでアメリカ中のレストランに置かれていた。

◉さまざまな顔をもつソース

マカロニ&チーズは、ありふれたチーズソースとパスタを合わせたシンプルな料理である。しかしその歴史は上流階級の料理とも下層階級の料理とも結びついており、インスタント食品としてはもっとも奇妙で、かつ大成功をおさめたソース料理である。チーズとともに調理したパスタのレシピは早くも14世紀のヨーロッパで上流階級の食卓に登場するが、マカロニ&チーズの本当の祖先は、牛乳とチーズのソースで煮込んだパスタ料理である。このソースはルーベースのホワイトソース（厳密にはベシャメル）だったり、牛乳と卵を混ぜたカスタードのようなものだったりした。

高級な料理としては、エリザ・アクトンの『現代の料理 *Modern Cookery*』（１８６８年）に掲載された「マカロニの王妃風」がある。濃厚なチーズにクリーム、バター、メース、カイエンヌペパーを加える「最高に洗練されたマカロニソース」だ。ここに指定されている材料は、実は現在家庭で手作りするマカロニ&チーズの材料とほとんど同じである。アクトンのレシピは意図的にエレガントさを強調するために気取った書き方がしてあり、ホワイトソースのかわりにベシャメルを使ってもいいし、チーズにはスティルトン〔高級なブルーチーズ〕がお勧め、などと書いてある。

濃厚なチーズソースであえるマカロニはアメリカで広く愛されたが、特に南部で、それもアフリカ系アメリカ人の料理人に好まれた。ランドルフの『ヴァージニアの主婦』（1824年）に「マカロニプディング」のレシピが掲載されていた頃の話である。このレシピは卵、クリーム、おろしたチーズと一緒にマカロニを調理したものだった。1896年のファニー・ファーマーの「マカロニのチーズ焼き」のレシピは、小麦粉とバターで作ったホワイトソースを使い、バターで炒めたパン粉をトッピングしていた。現在のこのソースの最高級バージョンはロブスターと上等のチーズを使ったりするが、教会の食事会や家庭の夕食にもそれなりの形でよく出てくる。

インスタントの市販品は、黄色い箱に入ったクラフトの「クラフトディナー」として1937年に売り出された。箱の中には日持ちのするおろしたチーズと乾燥パスタが入っていた（現在は青い箱に粉チーズが入っている）。オレンジ色の粉に牛乳とバターを加えて混ぜ、少し想像力をはたらかせれば昔のエレガントなソースを作っている気分も味わうことができる。この商品はアメリカではクラフトのマカロニ&チーズと呼ばれ、イギリスではクラフトのチージーパスタと呼ばれている。クラフトのヴァルヴィータ・シェルズ&チーズ（1984年発売）もインスタントマカロニの世界に確固とした地位を築いている。この商品のチーズソースは半固体で牛乳もバターもいらないが、「このオレンジ色のかたまりがだんだん溶けて最後には熱々のパスタソースになる」という少しばかりの信念がいる。

タルタルソースはふつう魚のフライにかけるシンプルなマヨネーズソースだと思われているが、実はたくさんのバリエーションがある。19世紀以後の料理書にタルタルまたはタルタルソースと書かれているものは、フランスのソースタルタル（酢とハーブの入ったマヨネーズ）のこともあるが、そうでないこともあり、時にはまったく違うものを指していることもあるのだ。ジュリア・チャイルドは『王道のフランス料理』でフランス語のソースタルタルを「固ゆでの黄身のマヨネーズ」と訳し、固ゆでの卵黄とマスタードを油と混ぜて乳濁させ、ピクルスのみじん切りとケイパーを加えたものだと説明している。『ケットナーのテーブルブック』はタルタルソースを、デビルドソースと同じく生または固ゆでの卵の黄身とマスタードを使っているという理由で「デビルドソースのフランス版」と呼んでいる。[8] 一方ファーマーの料理書にはタルタルソースとソースタルタルの両方が出てくるが、タルタルソースのほうは、酢、レモン果汁、ウスターソース、焦がしバターを混ぜただけのもの、ソースタルタルは生卵の黄身を使ったマヨネーズに普通に考えられるような材料を入れ、さらに粉砂糖とカイエンヌペパーを加えたものである。またチャールズ・ランホーファーは『エピキュリアン』で、ヴルーテソース、マスタード、生卵の黄身、油、酢、タラゴン、チャービル、ピクルスのみじん切りを使うタルタルソースを紹介しているが、それとは別に、イギリス風タルタルソースは、イギリス流に固ゆで卵の黄身を使ったマヨネーズに粉マスタード、ハーヴェイズソース、ウスターソースを加えるとしている。

●奇妙な名前のソース

ウェルシュレアビット（昔はレアビットでなくラビットと書いた——ウェールズのウサギの意味）は、ウサギとはまったく関係なく、ウェールズともほとんど関係ない。これまたいかにもイギリス

ウェルシュレアビット用のChed-o-Bitブランドのチーズ製品の広告。1945年。

風のソースで、そもそもはトーストの上で溶けたチーズのことだったが、19世紀末に生まれたウェルシュレアビットはマスタード、ビールまたはワイン、溶けたチーズで作る液体のソースで、トーストにのせて食べる。ウェルシュ（ウェールズ風）というのは18世紀には何かを安い物に置きかえたときにつかう婉曲的な言葉だったので、ウェールズのウサギは多分、肉のない質素な食事につけられた名前だったのだろう。[9] 1865年頃にはこの料理はラビットでなくウェルシュレアビットと呼ばれるようになっていたが、1785年にすでにこの料理のことをレア・ビットと記した文献もある。このかつては質素で経済的な食事だったものが、1950年代のアメリカでおしゃれな夕食用の料理となり、冷凍食品製造のストゥッファーズ社は今もチェダーチーズとウスターソースを使った冷凍ウェルシュレアビットを販売している。しかしその製品の箱に「ウェルシュレアビットって何？」という素朴な質問とその答えが印刷されているのを見ると、そろそろウェルシュレアビットの時代は終わりに近づいているのかもしれない。

ウェルシュレアビットと同じように（ほとんど）ソース自体が料理とも言えるのが、イタリア料理のバーニャカウダだ。これはアンチョビとニンニクをバターとオリーブ油の中で煮て、熱々を生野菜につけて食べる前菜である。ピエモンテ地方で生まれた料理だが、奇妙な名前（直訳すれば「熱い風呂」）をつけられ、奇妙な位置付けをされているのは気の毒なことである。野菜のためのディップソースあるいはコンディメントということになっているが、野菜よりむしろソースのほうが主役のように見える。バーニャカウダは古代の魚醤の親戚なのかもしれないが、生野菜を食べる習慣は

うどんに添えたXO醬。この非常に高価なソースの使用例を見せるためのシンプルな料理。

古代にはなかった。その名前は翻訳を拒み、材料には多くの人が主義として食べられないものが含まれている。おそらくそのせいで、ほかの国には完全にこれと同じ料理は存在しない。唯一の例外は、フランス、プロヴァンス地方のアンショワイアード（アンチョビ、油、ニンニク、酢）だが、これは常温で食する。世界中に知れわたっている他のイタリアンソースとは遠く距離をおき、バーニャカウダは今も知る人ぞ知る秘かな歓びのままなのである。

ＸＯ醬《ジャン》は１９８０年に香港で生まれ、それ以来すっかりファッショナブルなソースになっている。２０１１年には『ヴォーグ・チャイナ』が「東洋のキャビア」と呼んだのを機に、メーカーの李錦記《りきんき》はクリスタル瓶入りのＸＯ醬をオークションにかけ、なんと７０００元近い価格で落札された。

ＸＯの名はフランスのコニャックの最高級グレードにちなんだものだが、コニャックもブランデーも入ってはいない。しかし使われている材料――干し貝柱、干しエビ、魚、雲南ハム、ニンニク、トウガラシ――は最高級のもので、たしかにその名にふさわしい。手作りしたものは冷蔵庫でいつまでも保存できる。量販品もある（李錦記のものは220グラムで31ドル）が、世界中のレストランがこのソースの評判に見合うよう、競って高級料理に使っている。

フランス領西インド諸島のソースシアンは、直訳すれば「犬のソース」となってぎょっとするような名前にもかかわらず、実際の材料はごく普通のものである。その起源はおそらく19世紀で、そもそもはタマネギと酢またはライムジュースにトウガラシの一種ハバネロ（現地ではスコッチボネットという）、コショウ、ニンニクを加えたものである。最近のレシピではきざんだトマトも加える。奇妙な名前についてはたくさんの説があって、どれも面白いが決定的なものはない。もっとも信憑性が高いのはこのソースの材料を用意したコックが使っていたナイフのブランドが「シアン」だった、という説である。動物の名前のついたソースとしては、中東料理のキャメルソースがある。これにもラクダは入っていない。砕いたアーモンドを使う甘酸っぱいソースで、シナモンを入れるので茶色をしている。キャメル（camel）という名前はおそらく、フランス語でシナモンを意味するカネル（cannelle）の書き違えだろう。ひょっとするとシナモンやその他のスパイスを使う中世のカメリーヌソースとも関係があるのかもしれない。

●これがソース？　と言いたくなるソース

ハードソースには2種類ある。デザートソースと、ソースらしい形をしていないソースである。

クリスマスプディングに添えたハードソース（ブランデーバター）

とはいえ、どちらにも少し奇妙なところがある。デザート用のハードソースは、ふつうは蒸したプディングに添える、こってりとクリーミーで固めのソースである。ハードはその実際の固さを意味することもあれば、アルコールが入っているという意味のこともある。このソースは、どちらも18世紀から広まっていたイングランド発祥のブランデー&ラムバターと、イギリスやアメリカの料理書にあるワイン入りの「プディングソース」の両方と関係がありそうなのだが、その後19世紀半ばからの変遷ははっきりしていない。イギリスで今もブランデーバターとして知られる、バターと製菓用（アイシングに使う）の粉砂糖とブランデーを混ぜたこってりしたソースは、温かいプディングにのせれば溶けてしまう。

ハードという言葉がアメリカ口語でアルコールを意味するのは18世紀からなので、アメリカのハードソースのハードはアルコールの意味だと解釈するのは時期的には妥当だが、ブランデーバターに似たアメリカのソースには、ファニー・ファーマーの料理書や1877年に出版された「ニューヨーク料理学校」の教科書（ジュリエット・コーソン著）のレシピのように、アルコールを含まないものもある。それらのソースはバターと砂糖を混ぜたものを冷やして固めるだけだ。これはブランデーバターを清教徒らしくノンアルコールにしたものなのだろうか。それとも「ハード」を文字通り固いと解釈して、冷やし固めたものなのだろうか。

キッチナーの『料理人の神託』のイギリス版や『ミス・ビーチャーの家庭料理レシピ *Miss Beecher's Domestic Receipt Book*』（ニューヨーク、1846年）では、バター、砂糖そしてワインまたはブランデーを使っているが、そのソースの名前に「ハード」という文字はない。現代のレシピはほとんどがブランデーかウイスキーかコニャックを使うから、両方の意味で「ハード」である。

伝統的に猟鳥の料理（あるいはローストターキーやローストチキン）に添えられるイギリスのブレッドソースは、料理する肉の肉汁を使わず液体状でもないということから、グレイヴィとの共通点はほとんどない。ブレッドソースの先祖は14世紀イギリスの小麦、牛乳、卵黄で作る粥であるフルメンティだ。あるいはブレッドソースは、とろみをつけるためのルーがなかった時代に、グレイヴィにパンくずを入れて濃度をつけたものから発展したのかもしれない。今もブレッドソースの材料はパンと液体と調味料で、肉の詰め物とソースの中間のような存在である。エリザベス・ラッフォールドの18世紀のレシピでは、水にひたしておいたパンをタマネギ、クローブ、コショウ、塩を入れた牛乳で煮て、最後にバターとクリームを加えている。その後のレシピではパンを煮るかわ

鳥料理に添えるブレッドソース。これをイギリスの国民的ソースと言う人もいる。

りに調味料を入れた牛乳を熱してから生パン粉を入れて混ぜるように変わっている。

1882年に発行されたチャールズ・ディケンズ編集の『ハウスホールド・ワーズ *Household Words*』がブレッドソースはイギリスの国民的ソースだと高らかにうたっているが、筆者自身がこのソースは時にはみすぼらしく見えると認め、フランス人はイギリスのブレッドソースに顔をしかめ、「あらゆる不愉快な言葉を使ってこれをけなし、しかもそれが当たっている場合が多い[10]」と認めているのだから、国民的ソースの栄誉にふさわしいとは思えない。現代になってもゴードン・ラムゼーが昔のレシピを再現しているが、最後にバターではなくオリーブ油を加えること以外、同じ味付けと粥のような食感を保っている。誰にきいてもイギリスの古典的ソースとしてその名があがるブレッドソースは、比較的原型に近い形を保ったまま、孤高の存在であり続けるのだろう。

一般的なソースの概念からかけ離れたところに存在するのが、モダニスト料理（分子ガストロノミー）の泡、氷、ゲル状のソースとそのシェフや信奉者である。化学実験室からもたらされた材料や物理学者らの新技術によってソースは形を変えられるようになり、シェフたちは食べ物の概念すら変えてしまいそうな新しい著理法に大いに関心を抱いている。

ヘストン・ブルメンタールはロンドン郊外の彼のレストラン、ファット・ダックで出す前菜「ポメリー粒マスタードのアイスクリームと紫キャベツのガスパチョ」で、マスタードをコンディメントからおしゃれな前菜に変身させている。ふたつのメイン食材（マスタードとキャベツ）の化学的親和性と食べる人の五感を刺激したいという願いから生まれた一皿である。ワイリー・デュフレーヌはニューヨークの彼のレストランWD-50で、液体ソースの物理的性質を克服し、オランデーズソースのフライを作った。

分子ガストロノミー界の長老（彼自身はこの用語に反対しているが）フェラン・アドリアは、スペインの今は閉まっている彼のレストラン、エル・ブジ（エル・ブリ）で、球体化したソース、カプセル化したソース、凍ったソースなどを使い、客自身が皿の上でソースを食材に合わせるような料理で客に挑み、大いに喜ばせた。グラン・アケッツと彼のチームは最近シカゴのレストラン、ネクストで、1997年の「スモーク・フォーム」（燻製用の木の煙の香りをつけた水とゼラチンの泡をグラスに入れたもの）や2000年のきざんだハーブをソースにしたカリフラワーのクスクスなどエル・ブジのもっとも有名な料理をいくつか再現した。同じシカゴにあるアケッツの旗艦レストラン、アリネアは最先端の分子ガストロノミー料理で有名である。

球体化されたヴィネグレットソースを添えたサラダ。分子ガストロノミーをソースに応用した一例。

鹿肉に添えた泡のソース。シカゴのレストラン「アリネア」のシェフ、グラン・アケッツによる一皿。

高級料理の世界におけるこうしたソースは、古い時代のクーリの哲学を（使う技術は違うとしても）引き継いだものだ。大変な努力と労力を費やし、複雑きわまりなく他に類を見ないものを作り出しているという意味で、である。ネイサン・ミアヴォルドは大著『モダニスト・キュイジーヌ *Modernist cuisine*』（2011年）と『家庭でモダニスト・キュイジーヌ *Modernist Cuisine at Home*』（2012年）を出版して分子ガストロノミーの門戸を多くの人に向けて開いた。彼はこうした新しい取り組みはレストランのためだけにあるのでも、訳のわからない料理を作り出すためのものでもなく、化学で料理技術を向上させ、食をよりよいものにする手段なのだ、と説明している。

ミアヴォルドの著書には驚くほど斬新なレシピが載っているが、『家庭でモダニスト・キュイジーヌ』には同じ考え方をシンプルな料理に適用した、「洗練された」マカロニ&チーズのレシピもある。このレシピでは、プロセスチーズに使われているのと同じ化学物質クエン酸ナトリウムを使って、マカロニソースの他の材料とチーズが分離しないようにしている。ミアヴォルドのレシピなら、細かい粒のチーズを使う市販のチーズソースにもクリーミーな食感が可能になる。まるで手品のように簡単に最高級のマカロニ&チーズができあがり、高級品と安物の差は消えてなくなって、食べ物の世界の階級差もどこかへ行ってしまうのである。

このような技法は、ソースに関していえば、もともとあいまいだった分類をすっかりひっくり返すことにつながる。ソースはさまざまな形をとるが、ほとんど常に液体である。しかしモダニスト料理では、液体状というのはもはや必須条件ではない。ソースの目的がメイン料理の味をととのえることなら、液体窒素を使って泡にしてからレシチンで固定したソースは、グレイヴィやロベールソースと同じ働きをする。ソースは分厚い毛布のようなものから目立たない液体になり、気体の雲のようなものになり、香りだけついた気体にまで進化してきた。ゼリー状のものも、やわらかい球体の中の液体も、目に見えないものもある。どれもソースである。

新しい料理の旗手たちは、かつての偉大なソースのシェフたちを忘れはしない。ミアヴォルドは彼の著書でフランスのソース作りの系統について語り[11]、レストラン「ネクスト」はエスコフィエを讃えて、2011年の最初のテーマディナーを「1906年のパリ、リッツのエスコフィエ」とした。しかし1992年にニコラス・クルティとともに「分子ガストロノミー」という今も議論が定まっていない用語を初めて使ったエルヴェ・ティスは、著書『フランス料理の「なぜ」に答える』［須山泰秀・遠田敬子訳。柴田書店。2008年］に掲載した「オレンジ風味のカモ」の興味深いレシピで、過去のソースの概念から完全にはずれたまったく新しいソースを紹介している。ティスはその料理を、19世紀の有名な美食家にちなんで「ブリア＝サヴァラン風のカモ」と名付け、使う技術は伝統とはかけ離れているものの、フランス料理の伝統に直接つながるものと位置付けた。それは、カモのもも肉を澄んだバターで焼いて皮をパリッとさせた後、コアントロー［オレンジのリキュール］を肉に注入して電子レンジで蒸し煮にするという料理である。[12] ソースは肉の中にあって、存在するが目には見えない。まさにモダニスト料理の神髄である。

第6章 ◉ 何が違い、何が同じなのか

名前を聞けば、どの国のものかすぐにわかるソースがある。たとえばモーレと言えばメキシコ、ニョクマムと言えばベトナム、トマトケチャップはアメリカである。ある国の食べ物や食習慣と直接の結びつきがあって出自のわかりやすいソースもあるが、伝説やこじつけでなんとなくその国のものらしいと言われているソースもある。名前に国名のついたソースでも、必ずしもその国やそこの料理と関係があるとは限らない。名前をつけたのが他国人だったらなおさらのことだ。ある料理や国と結びつけられたソースが比喩的、政治的意味をまとっている場合もある。ソースのナショナル・アイデンティティは、政治的アイデンティティと同じように、その国の人々のプライドと防衛本能を刺激するものなのだ。この章ではある国を代表するソースと言われるものが、ひとつの統一体としてのその国の料理全体をどのように代表しているか、あるいは実は代表していないのか、ということを検証していく。また逆に、世界には驚くほどの種類のソースがあるにしても、世界中に共通

するマスターキーならぬ「マスターソース」をいくつか特定することもできるだろう。

●ソースのナショナル・アイデンティティ

ソースのナショナル・アイデンティティについて検証するにあたっては、まず名前に地名のついたソースから始めるのがいいだろう。ただし、そうした名前が当てになるとは限らない。前にも書いたが、エスパニョールソースはフランスの基本ソースで、17世紀、ルイ14世に嫁いだスペイン王女がフランスに連れてきた料理人によってもたらされた。しかしこのソースそのものはスペイン料理独自のものではない。しいてスペイン風なところをあげれば、小麦粉を濃い褐色になるまで炒めること（スペイン料理だけに限ったことではないが）と基本のクーリ［だし汁］にハムを使うことだけである。アントニオ・ラティーニが『現代的な給仕頭』（１６９２年）で「スペイン風」とうたったソースはエスパニョールソースではなく、トマトソースだった。トマトをヨーロッパに伝えるのに、スペインの交易船が一役かったからである。しかしエスパニョールソースもトマトソースも、現代のスペイン料理を代表するソースではない。

現代のスペイン人シェフ、ホセ・アンドレスはアイオリ（ニンニクとオリーブ油の入ったマヨネーズ）がカタルーニャ地方を代表するソースだと言っている。19世紀になっても、フランスやイギリスの料理書がイタリアンソースと呼ぶものにはマッシュルーム、エシャロット、パセリ、エスパニョールソースまたはヴルーテソースが使われ、トマトは入っていなかった。[1]

ハナ・グラースによる1747年の「イタリア風クーリ」のレシピの材料は、ハム、グレイヴィ、バジル、マッシュルームである。19世紀以後ナポリ風と名付けられたソースにはたいていトマトが使われており、イタリア人以外はトマトソースがイタリアの国民的ソースだと思っているが、トマトソースがイタリアンソースと呼ばれることはない。

アメリカの名を冠する唯一のソースにも、あまりはっきりした根拠はない。ロブスターのアメリケーヌソースというメニューに使われるトマトとワインのソースは、シカゴのレストランのフランス人シェフがアメリカにちなんで名付けたという説もあるが、「アメリケーヌ Americaine」は、ブルターニュ海岸の古名「アルモール Armor」にちなむ「アルモリケーヌ Armoricaine」の書き違いだったのかもしれない。

名前に国名がついたソースの多くはフランスのシステムから生まれた。フランス人は自分が作りだしたものに名前をつけなければ気がすまない気性であり、フランスのソースはロシア、イギリス、ドイツ、イタリアのソースよりも上位で、すべての基準となるべきだというカレームの信念も影響してのことだ。カレームは他の国々のソースをフランスが自分のものとし、完成させたのだから、フランス人が名付けるのは当然のことだとまで言い切っている。イギリスの料理書がフランスにならってソースをオランダ風、スペイン風、ドイツ風などと呼んだことも、そうした呼称を（適切かどうかは別としても）定着させることにつながった。

エスコフィエの著書やルイ・ソルニエの『フランス料理総覧』にあるフランス化されたソースの

オランデーズソース。オランダという名前がついているがフランスのソースである。

中には、名前の由来となった国の料理との結びつきがはっきりしないものもある。イタリア風ソースはドミグラスソースとトマトをベースとし、ロシア風ソースにはマヨネーズ、ロブスターの肝臓、キャビアが入っている。オックスフォードソースはカンバーランドソース（レッドカラントのゼリーとオレンジピールで作るイギリスの伝統的ソース）のバリエーションである。いずれにせよ、こうした名称はそれぞれの国の料理に対するフランス人の外から見たイメージに基づいてつけられたのである。

フランスのソースが支配的だったのには、もちろん社会階層も影響している。コンディメントソースが地域性、国民性を比較的よく保持しているのは、それが住居地近辺の経済的に手に入りやすいものを食べる傾向のある、中流かそれ以下の階層の食べ物だったからだ。上流階層は昔も今も、食べたいものを食べたいように食べられる立場を見せびらかすものだ。白鳥が特権的な肉というなら白鳥を食べるし、白鳥があればそこには白鳥の内臓ソースがあるのである。フランスのソースはフランス料理という最高の料理についてくるものだから最高のソースなのだという評価が定着し、世界中の上流階級の人々は英語を話そうとロシア語を話そうと日本語を話そうと、フランス語でメニューが書かれたフランス料理を堪能するのだ。

食べ物のグローバル化、均質化について語るとき、世界的ソースの地位を勝ちとるのはケチャップではなく、フランスのソースだろう。1789年のフランス革命を招いた黄金に輝くフランスのソース（もちろん王家の行きすぎたぜいたくを物語る比喩的な意味で。それにしても「彼らにヴルーテを食べさせればいい！」と言っていたらよかったのかもしれない）、そして１９７３年のヌーヴェル・キュイジーヌの料理革命（これは今も世界に広がっているけれど）を招いたフランスのソースである。

フランスの影響力を考慮すると、フランスがみずからその国名をつけたソースはその料理を代表するにふさわしいものかもしれない。カレームの『フランス料理術 *L'art de la cuisine française*』（１８３３年）にあるフランス風ソースは、フランスらしい材料（ベシャメル、マッシュルームエキス、仕上げ用にザリガニバター［すりつぶしたザリガニの身とバターを混ぜたもの］）を使っている。ランホーファーの『エピキュリアン』（１８９４年）のフランス風ソースは、ドミグラスソースを加えることで、さらにフランスらしくなっている。

カヴァルカンティの『料理の理論と実践』（１８３７年）にあるイタリア風ソースの材料はマッシュルーム、タマネギ、白ワインと、ここでは「濾したソース」と呼んでいる基本ソースである。しかしイタリア料理はひとつのソースだけを代表とするわけにはいかないので、カヴァルカンティはシチリア風マカロニ（ナス、おいしいソース、おろしたチーズ）で地域性のあるソースもとりあげている。１８９１年にはアルトゥージがナポリ風マカロニとボローニャ風マカロニのソースはどちらもイタリアのソースだと認めている。メキシコのトマトとトウガラシのソースはメキシコ風ソース（サルサ・メキシカーナ）と呼ばれており、19世紀のイギリスの多くの料理書では溶かしバターのソースをイングリッシュソースと呼んでいた。ただし、ブレッドソースを国民的ソースとしてい

トルティーヤチップスを添えたトマトサルサ。サルサ・メヒカーナ、ピコ・デ・ガヨとも呼ばれる。

た料理書は別である。エリザ・アクトンは『現代の料理』で、外国人でさえバターソースをイギリスを代表するソースと呼ぶ、と残念そうに認めている。[2]

あるいは本当の国民的ソースは、単に「ソース」を意味する言葉で呼ばれているものなのかもしれない。中国では醬（ジャン）とその仲間がまさにそうで、特に醬油（ジャンユー）は中国料理にも他のソースの名前にも大きな影響を与えている。醬油は中国と日本の料理に欠くことのできないものである。ちょうどメキシコのサルサやモーレ・ポブラーノのようなものだ。トマトケチャップがイギリスに定着した後、ＨＰ、ＯＫ、Ｆｌａｇの各社は、イギリス人の食卓にあるのが当然すぎて、単に「ソース」とだけ呼ばれる商品を販売していた。[3] ＨＰソースやＯＫソースのような酸味のあるソースはとりわけイギリスで人気があり、まさにイギリス的なものとして愛された。キッチナーの言う「本来のグレイヴィ」も、もうひとつのイギリス風ソースの本質をよく説明している。これは肉からできる肉のためのソースだ。一方フランス料理でソースのベースとなるものを指す言葉（ジュ、クーリ、フォン、エッサンスなど）の種類の多さは、フランス料理の複雑さをよく物語っている。

ある国のソースと料理との結びつきは、その国で手に入る食材と食習慣によって決まるものと思われる。醱酵させた魚で作る魚醬ニョクマムがベトナム料理の中心なのは、海に囲まれて魚をよく食べる国だということを考えれば納得できる。スペインでスパイシーなソースが人気なのは、スペインでは１４９３年にすでにトウガラシの栽培を始めており、スペイン人とポルトガル人が料理にトウガラシを使った最初のヨーロッパ人だったことから説明できる。ジャン＝ロベール・ピットはフランスのソースが他のどんなソースより優れているのは、その主たる材料であるフランスのワインが最高だからだと断言している。[4]

19世紀のアメリカ人は栄養とか食の安全とかいう言葉に弱く、工場で作られたソースは清潔で健康にいいというメーカーの宣伝を真に受け、市販の瓶入りソース（ケチャップも含む）を食に採りいれた。アメリカ人はまた、活動しながら食べられる食品として、あるいは学校給食のトレイに載せる野菜の代わりとしてのコンディメントソースの効率性を評価した。ケチャップはレーガン政権下で、合衆国政府が資金を出す学校給食で野菜の代わりにすることは禁じられたが、クリントン政権下では、アメリカ農務省の支持を得たサルサが採用された。[5]

アメリカは開拓者の国と言われるが、ソースに関しては保守的だ。ケチャップといえば当然トマトで普通はハインツ製品、グレイヴィは缶入りでよろしい、マスタードはマイルドで鮮やかな黄色のもので決まりだ。しかし、対極にある高級レストランのモダニスト料理のソースが世界で一番支持されているのもアメリカなのである。つまり、昔ながらの保守的なソースの基礎の上に、まだ最先端のものを受け入れる余地も残っているということだ。

あるソースがひとつの国を代表するものになるには、環境と習慣の影響もある。エリザベス・デイヴィッドによれば、中世のイギリス人は輸入品のスパイスを肉やラグーにたっぷり使っていたが、18世紀にはスパイスのきいたケチャップ、酢、マスタードを使うようになった。コリン・スペンサー

イタリア人がフランスのニースで催したパーティーのメニュー。イタリア各地の名物料理の名が見られる。1888年。

はそうした濃い味のソースを「男らしさ」と結びつけ、ビートン夫人の著書にあるようなスパイスのきいたソースはヴィクトリア時代の内気さとの決別であり「男たちは、特に植民地の原住民を制圧しに行くときには、濃い味のソースやピクルスを欲したに違いない」[(6)]と書いている。

イタリア料理というひとくくりのものが存在するかどうかという議論は、イタリア人のあいだでもまだ決着がついていない。イタリアが統一国家になったのは近隣のヨーロッパ諸国よりもずっと遅く、1861年のことである。したがって地域ごとの郷土料理が存続し、いくらよそ者がイタリアと言えばトマトソースだと言い張っても、新大陸のイタリア系アメリカ人の食卓でトマトグレイヴィが大人気であっても、これがイタリアを代表するソースだと言えるものは存在しない。しかしイタリア人のソースに対する態度にはひとつの特徴がある。パスタソースはパスタにからめるものので、たっぷりかけるものではないという「コンディメント」ルールである。何度も経済的に不安定な時代を経験し、食糧不足が身にしみた国ならではのルールと言えよう。

国民に共通するソースの使い方で言えば、日本のソースは美意識を優先している。色の薄いだし汁や煮汁は料理をおおうのではなく、料理を目立たせるためにある。いくつかの材料を混ぜたソースはたいてい透明な液体である。たとえば刺身に合わせることもあるポン酢醤油は、柑橘類のしぼり汁に醤油、酢やみりんなどを加えたものだ。メインとなる食材の質と食材本来の美しさを強調する料理に色の濃いソースを添えることは日本人の美意識に反するのである。

反対にイギリスの濃いグレイヴィは、おおい隠すことが目的である。もっとも17世紀にムノンが

わさびと醤油を添えた寿司

彼のソースをアングレーズ（イギリス風）と名付け、特に「あまり見栄えのよくない料理をカバーするのに」うってつけだと書いたのは単なる偶然である。[7] 彼のレシピはイギリス料理に小麦粉でとろみをつけたグレイヴィが登場するよりも前のものだ。それでも、同じような心理が働いているのは興味深いことである。グレイヴィは今もイギリスの家庭料理の一部であり、あいかわらずこってりとなつかしい味だが、あらを隠すというよりは味付けの役割を果たしている。

料理の、特にソースにおける国民性について何かを語ると、その国の料理の熱烈な支持者の防衛本能を刺激してしまうことがある。イギリス人がイギリス産のテーブルソース（実はインドのソースをもとにした製品）に誇りをもっているのは当然だが、イギリスで料理にはフランス料理には負けていて、イギリスで料理に使う洗練されたソースはフランスから入ったものだと言われると、彼らはむきになるのである。エネアス・スウィートランド・ダラスはあるイギリスのソース（溶かしバター）を馬鹿にされたのに腹をたて、フランス料理は「いろいろ偉そうなことを言っているが、アスピック［肉汁などのゼリー］の単調さを恥じるべきだ[8]」と反論している。

こうした当てこすりはそれほどひんぱんに聞かれるわけではないが、フランス人も黙って耐えているわけではない。彼らはフランスのソースのほうが上だと確信しているが、それでも悪口には反論する。ソースに名前をつけることで、ソースに関するフランスの支配権はさらに強まっている。フランス料理以外に、基本ソースから枝分かれしたさまざまなソースが作り方ともども系統化されている料理などない。しかしソルニエは『フランス料理総覧』で、有名な料理に新しい名前をつけたり、新しい料理に前からある名前をつけたりするのは「間違った行為」で「料理というものを、取りかえしがつかないほどおとしめるだろう[9]」と警告している。

フランスのソースの名前にくわしいタヴネは、特に「ソースエスパニョール」「ソースアルマンド」という名前に反対し「そういう名前をつけること自体がいかにもフランス人の特質であり、彼らの傲慢さと受けとられた[10]」と書いている。ジャン＝ルイ・フランドランとマッシモ・モンタナーリは、料理の技術における国ごとの差異は今も存在すると主張し、「ソース作りの技術は、ヨーロッパの多くの国ではほとんど知られていないか間違って用いられているが、フランスとベルギーでは今も隆盛をきわめている[11]」と書いている。

メキシコとイタリアではソースが政治の世界に引きこまれ、ナショナリズムを高めるのに使われ

モーレ・ポブラーノの材料。重要な順に、生のトウガラシ、乾燥したトウガラシ、ナッツ、種子、トマト、香料、後ろに見える少量のチョコレート。

てきた。メキシコの国民的ソースとも言われるモーレは、クレオール［植民地生まれのヨーロッパ人や現地人との混血の人々］料理と植民地時代の宗主国の料理とのバランスをとる役割を果たしている。土地固有の材料とヨーロッパから持ちこまれた材料を混ぜて使うことで、その土地の伝統的な料理だという証明にもなれば、逆に新しい料理であるというアピールにもなったりする。しかしモーレについてもっとも熱心に繰り返される主張は、モーレは「チョコレートソース」や「チョコレートチキン」ではないということだ。モーレを愛する人々は、そう呼ばれることを毛嫌いしている。モーレのファンやレシピの作者たちは、わけのわからない変な料理だと嫌われることを恐れて、チョコレートはほんの少し使うだけだと強調するのである。

イタリアではムッソリーニのファシスト政権時代に、未来派を名のるフィリッポ・マリネッティが『未来派の料理 *Cucina futurista*』（１９３２年）で、食べ物とナショナリズムの明白な関係を示した。彼はイタリア国民の一致団結のために国が国民を援助すべきだと要求し、パスタと少しのソースというイタリアの食習慣を変えようと訴えたのである。マリネッティはその理由として、パスタは栄養面では肉に劣ること、材料の小麦は外国からの輸入に頼る必要があること、イタリア人はみんなナポリ人のあだ名「マカロニ野郎 mangiamaccheroni」のように、パスタを手づかみでむしゃむしゃ食べる粗雑な田舎者だという間違ったイメージを持たれることをあげ、「本当のナポリ人は活発で情熱的で気前がよく、感覚が鋭いというのに[12]」と語っている。しかし、新鮮なトマトで作ったトマトソースとホウレンソウのピュレで何本か線を描き、魚、バナナ、チェリー、イチジクをもりつけた「イタリアの海」という未来派の料理では、やはりトマトソースがイタリア代表だった。

マリネッティの料理書は新しい味のコンビネーションをめざし、油断ならない過去の影響を排除し、盛り付けにおいては味と香りと色彩を感覚的に楽しむことを重視していた。「進歩の叫び」と名付けられた料理は、ソースの新しい哲学を正しく反映して、白いリゾットにサルサ・ルミノーザ（子牛のスープストックにマルサラ産のワインとラム酒とオレンジ）と店で買ったサルサ・ナツィオナーレ［国のソースつまりトマトソース］とでアクセントをつけていた。料理研究家が時おりマリネッティのレシピを再現することはあったものの、イタリア未来派の料理に対する世間の関心は長続きせず、結局、ソースをからめたパスタをイタリアの国民食の地位からひきずりおろすことはできなかった。

◉世界の4つの「マスターソース」

ほとんどの国にその国ならではのソースの伝統があり、ソースを見ればある地域の料理を別の地域の料理と区別することができる。しかし世界的なレベルで見るなら、それぞれのソースの共通の祖先を特定し、それを世界の4つの「マスターソース」にまとめることができる。

酢は、魚醬や大豆醬油よりも昔からあったソースの基本的な材料で、西ヨーロッパでひろく普及しているポワヴレード［コショウ］ソースとロベールソースに不可欠の材料である。肉汁を加えればこれら初期のソースはより複雑なフランスのソースになる。酢はさらに北ヨーロッパのマスタード諸国とアメリカのトマトケチャップ、ラテンアメリカのエスカベーシュ、アルゼンチンの代表的ソース、チミチュリ（ニンニク、ハーブ、酢を使う）を結びつける。

マヨネーズの地域はもう少し局地的で、フライドポテトのベルギーからその名もオランデーズソースのオランダ、アイオリのスペイン、アヴゴレモノ（レモン、卵、肉のスープストック）のギリシアまで。さらにサブのソースとしてなら日本とロシアにも足がかりがある。

スパイシーなソースの「赤い革命」ファミリーは少なくとも3つの大陸に拠点がある。ハリッサのある北アフリカ、モーレのメキシコ、タバスコのアメリカ南部だ。そしてそこから、トマトベースのサルサやパスタソースなどたくさんの従兄弟ソースが世界中に散らばった。

そして最後に醱酵ソースの一族。これはもっとも深い歴史をもち、もっとも広い地域に普及して

チキンの上にかかっているのはギリシアのアヴゴレモノ・ソース。アヴゴレモノはマヨネーズ・ファミリーに属する。

いる。中国、日本では大豆醤油、東南アジアでは魚醤、ギリシアとローマではガルム。インドのスパイシーな醱酵ソースはイギリスのクルミを醱酵させたケチャップやウスターソースにつながっている。そうして最終的にはこれらのソースが、ほとんど言葉では説明できない「うま味」という味を食べ物に加えるすべてのソースへとつながるのである。

◉うま味

「うま味」という言葉は、ソースの歴史を締めくくるにふさわしい言葉だろう。抽象的な意味でも具体的な意味でも、ソースの概念を非常によく表している言葉だからだ。すべてのソースに共通する特徴をひとつだけあげるとしたら、それは主となる食材の奏でるメロディーにハーモニーをつける役割、ひとつのアクセントとしての、わき役としての役割である。ソースが付け加える味は、いわく言い難い「うま味」という言葉が近いけれども、それだけではその味が伝えるコクと風味を完全には説明しきれないものと言えるだろう。たとえばウスターソースの味やベシャメルソースの味を言葉で表現しようとしても、適切な形容詞がみつからなくて困ってしまうはずだ。多くの手順をふみ、高度な技術を用いた複雑なソースもあるが、その複雑さも、かすかで控えめで言葉にするのは大変むずかしい。

シンプルなソースはそもそも目立たないものだが、実際には決して見た目ほどシンプルではない。多くの時間と忍耐を費やし、科学や芸術、時にはその両方を注ぎこんでやっとできあがることも多いソースだが、それでもやはりソースは謎である。どうして腐った魚が食べ物をおいしくするのだろう？　マヨネーズを作るコツは何？　ソースのこの風味の正体は何だろう？　ソースは不滅である。なぜならソースは無限に形を変えることができ、高級な料理においても庶民的な料理においても、作り手と食べ手の創造力を刺激し続けるものだから。

ソースの未来は明るい。不可欠なものとまでは言えないが、必ずあるもの。ソースはいつまでも私たちの食卓にあり続ける。

謝辞

2012年の秋、この本を書くために1学期間のサバティカル休暇を許可してくれたバード大学サイモンズロック校に深く感謝する。大学のファカルティ・ディヴェロップメント基金から助成金を得たことで私は多くの学会に参加することができた。そのひとつ、テキサス大学サンアントニオ校で2010年に開催された「食物の表現に関する会議」で、私はフランス文学におけるソースに関する論文を初めて発表したのである。このプロジェクトに熱意を示し、私の休暇を認めてくださったアン・オドワイアー学部長には心からお礼申し上げたい。文学言語学学科の同僚の皆さんは私の研究に協力するために、休暇中の私の代わりを務めてくれた。特にガブリエル・アスファーにはいつも励ましてもらっていた。サイモンズロック図書館のスタッフには図書館の相互貸借制度や調査への助言で大いにお世話になり、特に中央および西マサチューセッツ図書館協会とウィリアムカレッジ図書館の蔵書にアクセスできたことはこの上もない幸運だった。2012年6月にウンブラ・インスティチュートでイタリアの食に関する学会を企画運営してくれたザカリー・ノワクとエルギン・エカートにも感謝を捧げたい。私はこの会議でイタリアのソースに関する研究を発表することができ、食物研究の分野で新しい同志を得ることができた。執筆の終盤にはジャネット・オコーベンというすばらしい編集者のお世話になった。ネル・マカビーからはフランスとイタリアに関する章で貴重な助言をいただいた。最後に、息子のノアとイーサンは技術的にも精神的にも私をささえ、このプロジェクトに取り組んでいるあいだずっと、食卓でのソース談義に辛抱強くつきあってくれた。これからは何かほかの話をすると約束する。

訳者あとがき

本書『ソースの歴史 *Sauces: A Global History*』は、イギリスの Reaktion Books より刊行されている The Edible Series の一冊である。同シリーズは２０１０年に、料理とワインに関する良書を選定するアンドレ・シモン賞の特別賞を受賞している。

本書の著者メアリアン・テブンはアメリカのバード大学サイモンズロック校（マサチューセッツ州）のフランス語フランス文学准教授であり、現在は食物研究センター長も務めている。

フランス留学中にアメリカとフランスのソース文化の違いにカルチャーショックを受け、ソースの多様性に目覚めた彼女は、そもそもソースとは何だろうというところからスタートし、古今東西のソースについて探求を始めた。しかしソースを一言で定義することは難しい。ウスターソースや、ホットドッグに付き物のケチャップとマスタードのように、食べる人が料理にちょっと添えて自分好みの味にするコンディメントソースもあれば、煮込み料理のソースやパスタソースのように料理と一体化しているソースや、高級フランス料理の仕上げに美しく皿を彩る手の込んだソースもある。

本書では、おおむね液体状の、料理に添えて風味を加えるもの、単独では料理とみなされないもの、という比較的大きなくくりでソースをとらえ、古代中国や古代ギリシア、ローマの醱酵調味料である魚醬をソースの起源と見ている。著者とともに古代から中世、近代、現代へとソースの歴史をたどっていけば、もっとおいしい料理を作りたい、もっとおいしく食べたい、という私たち人間の気持ちはいつの時代にも世界のどこにあっても共通するものだと実感する。もちろん地理的、経済的な事情で入手できる材料は異なるし、宮廷の料理人や高級フランス料理のシェフが作る料理のソースと毎日の家庭料理のソースとでは、それにかける手間も時間も材料費も比較にならない。忙しい現代では、スーパーの棚に並ぶ既製品のドレッシングやソースの品ぞろえも驚くほど多様である。それでも、ソースを一工夫することで同じ食べ物が自分好みの味になったり、食べた人においしいと言われたりしたときの喜びに変わりはないだろう。

世界にはさまざまなソースがあり、それぞれに歴史がある。イギリスで作られていた初期のケチャップにはトマトが入っていなかった、ウスターソースはインド生まれだ、XO醬のXOというのは高級ブランデーにちなんで付けられた名前だ、などなど、ある特定のソースに関するエピソードを知る楽しみも本書にはある。

ソースの本質を表すには日本語の「うま味」という言葉がもっとも適切だろう、と著者は語っている。すべてのソースに共通する性質をひとつだけあげるなら、料理にアクセントをつけるわき役としての役割だと言う。料理という舞台でしっかり存在感を示す渋いわき役。たしかに、どんなに高価な材料を使い複雑な手順を踏んで作った高級フランス料理の「うま味」のあるソースも、決して主役ではない。しかし、舞台で「うまい」わき役がいい味を出して芝居を引き締めるように、ソースは料理に得も言われぬ味を加えるのである。

ソースの世界は奥が深い。ソースの世界は楽しい。だれでも自分なりの創造力を働かせて工夫する余地があるからだ。料理人の数だけソースの種類があると言っていいほどである。本書を読まれたあと、市販のマヨネーズにちょっとマスタードを入れてみたり、サラダのドレッシングにタマネギのみじん切りを足してみたりしたくなった読者もおられるのではないだろうか（実は私です）。

本書の出版までには多くの方々のお世話になった。特に本書を翻訳する機会と適切な助言を与えてくださった原書房の中村剛さん、オフィス・スズキの鈴木由紀子さんに心よりお礼申し上げる。

伊藤はるみ

２０１６年５月

写真ならびに図版への謝辞

図版の提供と掲載を許可してくれた関係者にお礼を申し上げる。

The Art Archive at Art Resource, New York: p. 19 (NGS Image Collection); Art Resource, New York: p. 43 (V&A Images); Courtesy Daniel Bexfield, Bexfield Antiques, www.bexfield.co.uk: p. 102; Biblioteca Gastronomica Academia Barilla (Collection of Livio Cerini de Castegnate): p. 161; Bibliothèque Nationale de France: pp. 76, 82; © Trustees of the British Museum, London: pp. 17, 21上, 25, 96, 97; Peter Carney: p. 36; DJM: p. 54; Detre Library and Archives, Sen. John Heinz History Center, Pittsburgh, Pennsylvania: p. 137; Paul Downey: p. 8; ElinorD: p. 147; © Grace's Guide: pp. 11, 105; iStock: p. 93 (Junghee Choi); Joadl: p. 131; Lara Kastner: p. 149下; © Kikkoman Corporation: p. 21下; © Kraft Foods: p. 42; © McDonald's Canada: p. 134; Ourren: p. 45; © Ragú Foods: p. 123; Shutterstock: pp. 40 (bonchan), 55 (Simon van den Berg), 71 (Dustin Dennis), 80 (Piyato), 89 (Patty Orly), 108 (Stills Photog raphy), 114 (Shebeko), 135 (Otokimus), 143 (jreika), 145 (Monkey Business Images), 149上 (Moving Moment), 155 (Ildi Papp), 158 (alisafarov), 163 (Africa Studio), 165 (bonchan), 168 (Martin Turzak); Rainer Zenz: p. 51.

2003)
Steinkraus, Keith, ed., *Industrialization of Indigenous Fermented Foods*, 2nd edn (New York, 2004)
This, Hervé, *Kitchen Mysteries: Revealing the Science of Cooking*, trans. Jody Gladding (New York, 2007)
Toussaint-Samat, Maguelonne, *A History of Food*, trans. Anthea Bell (Chichester, 2009)
Willan, Anne, *Great Cooks and their Recipes* (New York, 1977)

参考文献

Capatti, Alberto, and Massimo Montanari, *Italian Cuisine: A Cultural History*, trans. Aine O'Healy (New York, 2003)

Child, Julia, Simone Beck and Louisette Bertholle, *Mastering the Art of French Cooking*, 2nd edn (New York, 1970)

Curtis, Robert, *Garum and Salsamenta* (New York, 1991)

David, Elizabeth, *Spices, Salt and Aromatics in the English Kitchen* (Harmondsworth, 1970)

Diat, Louis, *Sauces, French and Famous* (New York, 1951)

Flandrin, Jean-Louis, Massimo Montanari and Albert Sonnenfeld, *Food: A Culinary History from Antiquity to the Present* (New York, 1999)

Grocock, Christopher, and Sally Grainger, eds, *Apicius: A Critical Edition* (London, 2006)

Huang, H. T., and Joseph Needham, *Science and Civilization in China*, vol. VI, part 5 of Fermentations and Food Science (Cambridge, 2000)

Larousse gastronomique (Paris, 2000)

Mennell, Stephen, *All Manners of Food: Eating and Taste in England and France from the Middle Ages to the Present* (Chicago, IL, 1996)

Myhrvold, Nathan, *Modernist Cuisine* (Washington, DC, 2011)

Peterson, James, *Sauces*, 3rd edn (Hoboken, NJ, 2008)

Pilcher, Jeffrey M., *Que vivan los tamales! Food and the Making of Mexican Identity* (Albuquerque, NM, 1998)

Pitte, Jean-Robert, *French Gastronomy: The History and Geography of a Passion*, trans. Jody Gladding (New York, 2002)

Poulain, Jean-Pierre, and Edmond Neirinck, *Histoire de la cuisine et des cuisiniers*, 5th edn (Paris, 2004)

Riley, Gillian, ed., *Oxford Companion to Italian Food* (Oxford, 2007)

Serventi, Silvano, and Françoise Sabban, *Pasta: The Story of A Universal Food*, trans. Antony Shugaar (New York, 2002)

Smith, Andrew, ed., *Oxford Companion to American Food and Drink* (Oxford, 2007)

——, Pure Ketchup: *A History of America's National Condiment* (Columbia, SC, 1996)

Spencer, Colin, *British Food: An Extraordinary Thousand Years of History* (New York,

レシピ集

歴史的レシピ

◉鴨のチョコレートラグー添え

フランソワ・マシアロ『宮廷とブルジョワジーの料理人 *Le Cuisinier royal et Bourgeois*』（1691年）より。

これは非常においしいソースで，ゆでた料理をはじめ何にでも合う。

1. 羽をむしってきれいに洗った鴨の内臓を取り出し，中をきれいにする。
2. 鴨を一度ゆでる。再び鍋に入れ，塩，コショウ，ローリエ，ハーブの束を加える。あとで加えるためのチョコレートを少し作っておく。
3. その間にレバー，マッシュルーム，アミガサタケ，ハラタケ，トリュフ，225gの栗でラグーを作る。
4. 鴨が煮えたら皿に盛り，上からラグーをかける。好みの付け合わせを添える。

…………………………………………

◉スペイン風トマトソース

アントニオ・ラティーニ『現代的な給仕頭 *Lo scalco alla moderna*』（1692年）（ルドルフ・グレーヴェ訳）より。

1. 熟したトマト6個をおき火であぶり，こげたらていねいに皮をむく。それをナイフでみじん切りにする。
2. 好みでみじん切りにしたタマネギを加える。みじん切りにしたトウガラシと少量のタイムを加える。
3. 全部を混ぜ合わせ，少量の塩，油，酢で味をととのえる。

…………………………………………

◉トマトとバーミセリのタンバル（ナポリ風のレシピ）

アントニア・イーゾラ（本名メイベル・アール・マクギニス）がイッポリート・カヴァルカンティの著書（1837年）から引用したレシピ（1912年）。

1. 中ぐらいの大きさのトマトを10個用意し，それぞれ横にふたつに切る。
2. 切ったトマトの一層分を，切り口を下にしてタンバル焼き型にしきつめる。次の層のトマトは切り口を上にして塩，コショウをしておく。
3. 生のバーミセリを型の大きさに合わせて切り，しきつめたトマトの上に重ねる。次の層のトマトは，皮がバーミセリと接するように置いていく。
4. 次の層のトマトは切り口を上にして塩コショウし，その上にバーミセリを重ねる。これを繰り返して一番

上はバーミセリの上に，切り口を下にしたトマトが並ぶようにする。
5. 大さじ3，4杯の良質のラード（またはバター）を熱し，煮たったところでトマトとバーミセリの上にかける。
6. タンバル型をオーブンに入れ，バーミセリに完全に火が通るまで焼く。
7. 焼けたらオーブンから取り出して粗熱をとり，型をひっくり返して大皿に盛る。

◉マッシュルームケチャップ

ウィリアム・キッチナー『料理人の神託 *The Cook's Oracle*』（1822年）より。

9月初めからマッシュルームを探し始める。質の良い採りたてのものを使うこと。傘が完全に開いたものが望ましい。

1. 深さのある陶製の鍋の底にマッシュルームをしきつめて塩をふり，その上に残りのマッシュルームを重ねる。そのまま2，3時間おいて塩がしみこみ，マッシュルームがやわらかくなるのを待つ。
2. やわらかくなったマッシュルームを乳鉢と乳棒を使ってすりつぶす。なければ手でつぶしてもよい。つぶしたものは，毎日よくかき混ぜたりつぶしたりしながら，2，3日おく。それ以上おいてはいけない。
3. 2，3日おいたものを石の壺に流し入れ，1リットルにつき30gの黒コショウの粒を加える。壺を密閉して熱湯の入ったシチュー用の深鍋に入れ，少なくとも2時間は火にかけておく。
4. 2時間以上たったら壺を取り出し，目の細かい濾し器で沈殿物を除いて，透明な液体だけを清潔なシチュー鍋に入れる。濾すときに沈殿物*を無理にしぼり出さないこと。

*濾し器に残ったしぼりかすは，料理人が役得として自分用のソースを作るのに使うために残しておくこと。ごみとして捨てるはずのもので自分の家族においしい夕食を作れるのだから，彼女にとってこれはとても有難い贈り物である。マッシュルームのジュースを完全にしぼったあとは，ダッチオーブンで乾かしてマッシュルームパウダーにすることもできる。

5. 液の入った鍋を火にかけ，ぐらぐら煮立たないよう気をつけて30分煮る。極上のケチャップを作りたい人は，始めの半分の量になるまでさらに煮る。これで2倍のCat-sup（ケチャップ）つまりDog-supができる［ケチャップの綴りのcatとdogを入れかえた駄じゃれである］。
6. 清潔で乾燥した瓶か壺に移し，密閉して涼しい場所に翌日までおく。それをできるだけ静かに（底の沈殿物が混じらないように）タミス［濾し布］または厚手のフランネルの袋で何回か濾して，完全に透明な液体

にする。

7. ケチャップ500mlあたり大さじ1杯の割合で良質なブランデーを加え，また涼しい場所におく。新しく沈殿物ができたら，上澄みのケチャップを静かに500mlまたは250mlずつ，ブランデーその他の蒸留酒で洗った瓶に詰める。保存をよくするため，瓶にはすぐに使いきれる分量ずつ入れる。

………………………………………………

◉七面鳥その他の鳥料理のためのグレイヴィ

ハナ・グラース『料理術 *The Art of Cookery*』（1747年）より。

1. 牛肉の脂肪のない部分450gを包丁で細かく切り，小麦粉をまんべんなくまぶす。
2. フライパンにバターを溶かし，牛肉を焦げ目がつくまで炒めてから熱湯を少し加える。
3. 全体を混ぜたら，メース2，3片，クローブ4，5個，粒コショウ少々，タマネギ1個，ブーケガルニ1束，焦がしたパンの皮少々，ニンジン1かけ（小）を入れる。
4. フライパンにしっかりふたをして，好みの状態になるまでゆっくり煮込む。これで500mlほどの濃厚なグレイヴィができる。

………………………………………………

◉フレンチソース（ソース・ア・ラ・フランセーズ）

チャールズ・ランホーファー『エピキュリアン *The Epicurean*』（1894年）より。

1. ソース鍋に500mlのベシャメルと250mlのマッシュルームエキスを入れ，粗挽きコショウ，ナツメグ，半分に割ったクローブ，みじん切りのニンニクと，肉汁を煮詰めたグレーズを大さじ1杯加える。
2. 食卓に出す直前にザリガニバター［きざんだザリガニの身を混ぜたバター］120gを加え，布で濾してから，酢小さじ1杯とパセリのみじん切りを加える。

………………………………………………

◉マカロニ・ア・ラ・レーヌ（マカロニの王妃風）

エリザ・アクトン『現代の料理 *Modern Cookery*』（1868年）より。

これはとてもおいしくて洗練されたマカロニ料理である。

マカロニ…240g
チーズ…300g
良質のクリーム…400ml（または濃厚なホワイトソース）
バター…60g（またはそれ以上）
塩…少々
細かいカイエンヌペパー
メース

1. マカロニ240*g*を通常通りにゆでる。
2. マカロニをゆでるあいだに，濃厚で香りのいい白かびチーズ300*g*を400*ml*ほどの良質のクリームにゆっくり溶かす。チーズはあらかじめ皮の近くの固いところは除き，ごく薄くスライスしておいたものを使い，クリームを常にかきまぜながら少しずつ加える。完全に溶けてなめらかになったら，塩少々，カイエンヌペパー（少し多めに），粉にしたメース少々，良質の新鮮なバター60*g*ほどを加える。
3. マカロニがゆであがったら，水気をよくきってチーズクリームの中に入れる。もしくはマカロニを先に皿に盛り，チーズを上からかけてもよい。どちらの場合も，そのほうがいいと思われるようなら，細かいパン粉を直火かオーブンで薄い黄金色に焼いてカリカリにしたものをたっぷりかけて食卓に出してもよい。

（備考）
1. クリームはチーズを入れる前にあらかじめ熱しておいたほうがよい。
2. 味に変化をつけ，より濃厚にするために，あまり濃くないホワイトソース（ベシャメル）と上記の分量外のバター30～60*g*を加えてもよい。同じ目的でパルメザンチーズを使う場合は，当然おろして使うこと。ただし，上述したようにチーズを他の材料と混ぜてなめらかにするのは簡単ではない。
3. 青かびを取り除いたスティルトンチーズもこの料理に適している。その場合，量は半分にしてよい。

ロベールソース5種

◉豚ロース肉のソースロベール

ラ・ヴァレンヌ『フランスの料理人 *Le Cuisinier français*』（1651年）より。

1. 肉にラードを塗ってからローストする。ローストしながら鍋にベル果汁，酢，セージの束を加える。
2. 溶けだした脂肪でタマネギを炒める。炒めたタマネギは肉の下にしく。
3. 全体がぐつぐつ煮立ってきたら，肉が固くならないうちに皿に盛って供する。

このソースはソースロベールと呼ばれる。

………………………………………………

◉サルサロベルタ

ヴィンチェンツォ・コッラード『粋な料理人 *Il cuoco galante*』（1773年）より。

1. みじん切りにしたタマネギをバターで軽く炒め，ケイパーのみじん切り，コリアンダー，その他のスパイスを加え，マスカットワインとビターレ

モン［レモンを甘いシロップで煮たもの］で煮る。
2. できあがったものをソースとして供する。

◉ソース・ア・ラ・ロベール

マリー・アントナン・カレーム『19世紀のフランス料理術 *L'art de la cuisine française au XIXe siècle*』（1833年）より。

1. 大きめのタマネギ3個をみじん切りにし，澄ましバターで軽く色づくまで炒め，余分な水分はとっておく。
2. 1のタマネギを，大さじ2杯のよく煮込んだエスパニョールとコンソメで煮る。
3. ソースが十分煮詰まったら，粉砂糖，コショウ，酢を少しずつ加え，上質のマスタードを小さじ1杯加える。

◉ロベルトソース

ルイ・ディア『フランスの有名なソース *Sauces, French and Famous*』（1951年）より。

バター…大さじ1
タマネギのみじん切り…大さじ2
白ワイン…30*cc*
酢…大さじ1
ブラウンソース…1カップ
トマトソースまたはトマトピュレ…大さじ2
調味したマスタード…小さじ1
サワーピクルスのみじん切り…大さじ1
パセリのみじん切り…小さじ1

1. ソース鍋にバターを溶かし，タマネギを入れて黄金色になるまで炒める。
2. 1の鍋にワインと酢を加え，¾の量になるまで煮詰める。
3. ブラウンソースとトマトソースを加え，弱火で10〜15分煮る。
4. できあがりにマスタード，ピクルス，パセリを加える。
豚肉料理，ポークチョップ，肉料理の残り物に合う。

◉ソースロベール（ブラウンマスタードソース）

ジュリア・チャイルド，シモーヌ・ベック，ルイゼット・ベルトール『王道のフランス料理 *Mastering the Art of French Cooking*』（1961年）より。

豚肉のローストや蒸し煮，ポークチョップ，ゆでた牛肉，チキンのあぶり焼き，七面鳥，残り物の肉料理を温めたもの，ハンバーガーに合う。底の厚い6カップ用のソース鍋，または肉を料理して肉から出た油が残っている鍋を使うとよい。

みじん切りのイエローオニオン…¼カップ

バター…大さじ1
油または調理用脂肪…小さじ1
辛口の白ワイン…1カップまたは辛口のベルモット⅔カップ
ブラウンソース…2カップ
ディジョンタイプのマスタード*…大さじ3〜4
パセリのみじん切り…大さじ2〜3
*大さじ2〜3倍のやわらかくしたバターと小さじ⅛の砂糖を混ぜてクリーム状にしたもの。

1. バターと油または脂肪を合わせたものを鍋に入れ，タマネギがやわらかくなって軽く色づくまで，弱火で10〜15分炒める。
2. 鍋にワインを加え，強火で大さじ3〜4杯の量になるまで煮詰める。
3. さらにブラウンソースを加え，10分間煮込み，味をみて調える。
4. 火からおろす。テーブルに出す直前にマスタードとバターなどを混ぜたものをよくかき混ぜながらソースに加え，味をみる。最後にきざみパセリを入れる。

現代のレシピ

◉ソースエスパニョール

オーギュスト・エスコフィエ『エスコフィエフランス料理』［井上幸作監修，角田明訳，柴田書店，1963年］より。

（5リットル分）
つなぎ用のルー…626g
ブラウン・フォン*…このレシピ全体で12リットル
*軽く焼き色をつけた肉や骨と野菜からとった茶色のだし汁

（ミルポワ［コクをつけるために使う］の材料）
小さめのさいの目に切った豚のわき腹肉…150g
さいの目に切ったニンジン…250g
さいの目に切ったタマネギ…150g
タイムの小枝…2本
ローリエ…小2枚

1. フォン8リットルを鍋に入れて沸騰させ，あらかじめやわらかくしておいたルーをヘラまたは泡だて器でかき混ぜながら加えて煮立たせる。煮立ったら火を弱め，静かに加熱しておく。
2. ミルポワを作る。フライパンに豚肉を入れて脂肪を溶かし，さいの目に切ったニンジンとタマネギ，タイム，ローリエを入れて，軽く色づくまで炒める。炒め終わったら油をていねいに除き，炒めた野菜を鍋のソースに入れる。フライパンにコップ1杯の白ワインを入れ，底のこげつきをこそげとりながら半分まで煮詰め，ソースに加える。こまめにアクをとりながら弱火で1時間煮る。
3. ソースをシノワ［円錐形をした網

目の細かい金属製の濾し器］で濾して別の鍋に入れる。このときシノワに残るミルポワを軽くつぶすようにする。濾したソースに再び2リットルのフォンを足し，さらに弱火でコトコト2時間煮る。火からおろし，ソースをふた付きの容器にうつし，かき混ぜながら完全にさまし，ふたをしてひと晩おく。

4. 翌日，ソースを再び厚底鍋にうつし，2リットルのフォン，1リットルのトマトピュレまたはそれに相当する量（約2キロ）の生のトマトを加える。ピュレを使う場合は，酸味をとばすためにいったんオーブンに入れ，茶色っぽくなるまで熱するとよい。このように処理したトマトを加えることで澄んだソースができるだけでなく，温かみのある色調のソースになる。ここで鍋を強火にかけ，ヘラか泡だて器でかき混ぜながら煮立たせ，煮立ったら弱火にし，ていねいにアクをとりながらさらに1時間煮込む。最後に濾し布で濾し，かき混ぜながら完全にさます。

…………………………………………

◉カモのブリア＝サヴァラン風

エルヴェ・ティス『フランス料理の「なぜ」に答える』［須山泰秀訳，柴田書店，2008年］より。

1. フライパンにバターを溶かし，カモのもも肉を表面がカリッとしたキツネ色になるよう強火でさっと焼く。このときのバターは弱火でゆっくりと溶かして出てきた透明な脂肪分だけ（澄ましバター）を使う。そうすれば焦げたバターの黒ずんだ色がつかない。この時点では，肉はまだ中心部が生なので食べられない。
2. カモ肉の表面の油をペーパータオルで吸い取ってから，注射器で肉の中心にコアントロー［オレンジ風味のリキュール］を注入する（コアントローに塩とコショウを溶かしこんでおくとさらによい）。
3. カモ肉を電子レンジで数分加熱する。この過程で肉の表面は少し乾いてちょうどいい状態となり，肉の中心部はアルコールの蒸気によって蒸し煮にされ，さらにコアントローのオレンジの風味もしみこんでいる（個人的な好みを言わせてもらえば，電子レンジにかける前の肉にクローブをいくつか突き刺しておきたいところである）。

この方法だとソースはすでに肉の中にあるから，わざわざ作る手間を省くことができる。アルコールはすでに肉にしみこんでいるから，フランベする必要もない。時計を見るまでもなく，こうして料理に科学を応用すれば余分な時間がかかるどころか，調理時間は短縮できる。さらにすばらしいことに，科学の力で昔のレシピをもっと軽い料理に仕上げることができるのである。

注

第1章　ソースの歴史

第1章冒頭のエピグラフは，ピエール・ジュルダ編『16世紀フランスの詩人・物語作家 Conteurs français du XVIe siecle』（パリ，1956年）p. 1308に収録のベニーニュ・ポワスノ『夏』（1583年）から採った。なお，特に記載のない限り，フランス語，イタリア語の文献からの英訳は著者自身による。

（1）　H. T. Huang and Joseph Needham, *Science and Civilization in China*, vol. VI, part 5 of *Fermentations and Food Science* (Cambridge, 2000), p. 334.

（2）　Ibid., p. 358.

（3）　See studies by Y. Sumiyoshi (1986) and Wang Shan-Tien (1987) cited ibid., p. 377.

（4）　Ibid., p. 392.

（5）　Naomichi Ishige, 'Cultural Aspects of Fermented Fish Products in Asia', in *Fish Fermentation Technology*, ed. Cheri-Ho Lee, Keith H. Steinkraus and P. J. Alan Reilly (Tokyo, 1993), p. 23.

（6）　Pliny the Elder, *The Natural History*, ed. and trans. John Bostock and H. T. Riley (London, 1855), book 9, chap. 30.

（7）　The cookbook named *Apicius* is a compilation of recipes from the first century AD to at least the fourth or fifth and possibly later, with revisions and additions along the way. The two extant manuscripts date to the ninth century.

（8）　Christopher Grocock and Sally Grainger, eds, *Apicius: A Critical Edition* (London, 2006), pp. 375-386.

（9）　M.F.K. Fisher, 'An Alphabet for Gourmets' [1949], in *The Art of Eating* (Hoboken, NJ, 2004), pp. 643-644.

（10）Quoted in Huang, *Science and Civilization*, p. 354.

（11）Ken Albala, *Eating Right in the Renaissance* (Berkeley, CA, 2002), pp. 253-254.

（12）Grocock and Grainger, *Apicius*, recipe 1.11.

第2章　コンディメントソース

（1）　M. Tullius Cicero, *De finibus bonorum et malorum* (*On the Limits of Good and Evil*), book 2 section 90. Modern edition ed. Thomas Schiche (Leipzig, 1915). Cicero is quoting Socrates in this passage; the usual English translation is 'Hunger is the

best sauce.'

(2) 'Non son vivande, ma sebbene condimenti, che furono a bella posta inventati, e nelle mense imbanditi, o per dar maggior condimento ad una qualche vivanda, o per avvalorare qualche stomaco rilasciato, o pure per titillare le papille a quel palato.' Vincenzo Corrado, *Il cuoco galante* [1773], 2nd edn (Naples, 1793), p. 141.

(3) Andrew Smith, 'Ketchup', in *Oxford Companion to American Food and Drink*, ed. Andrew Smith (Oxford, 2007), p. 342.

(4) Elizabeth Raffald, *The Experienced English Housekeeper* (Manchester, 1769), p. 318.

(5) Paul von Bergen quoted in Poppy Brech, 'Brand Health Check: Heinz Ketchup', *Marketing Magazine*, 20 July 2000.

(6) Andrew Smith, 'Mayonnaise', in *Oxford Companion to American Food and Drink*, ed. Smith, p. 370.

(7) 'Lazenby v. White. November 18, 1870', *Law Journal Reports*, XLI (1872), p. 354.

(8) Lizzie Collingham, *Curry: A Tale of Cooks and Conquerors* (Oxford, 2006), p. 149.

(9) Buwei Yang Chao, *How to Cook and Eat in Chinese* (New York, 1945), p. 29.

(10) 'Outline of the H. J. Heinz Company', MSS 57, box 2, folder 7, Historical Society of Western Pennsylvania, p. 2. Quoted in Nancy F. Koehn, *Brand New: How Entrepreneurs Earned Consumers' Trust from Wedgwood to Dell* (Boston, MA, 2001), p. 58 n. 77. With the addition of a third partner, the company was renamed Heinz, Noble & Company in 1872.

(11) Bartolomeo Scappi, *The Opera of Bartolomeo Scappi* [1570], trans. and ed. Terence Scully (Toronto, 2008), vol. II, p. 276.

(12) Ippolito Cavalcanti, *Cucina teorico-pratica*, 2nd edn (Naples, 1839), p. 254.

(13) J. W. Courter and A. M. Rhodes, 'Historical Notes on Horseradish', *Economic Botany*, XXIII/2 (1969), pp. 156-164.

(14) David Sprinkle of Packaged Facts quoted in Judy Hevrdejs, 'Goin' for the Burn: Old-timer Tabasco vs. Hip Sriracha in Hot Sauce Smackdown', *Chicago Tribune*, 10 October 2010.

(15) 'Company Information', Huy Fong Foods Inc. website, www.huyfong.com, accessed 31 May 2011.

(16) Bernard Rosenberger, 'Arab Cuisine and its Contribution to European Culture', in *Food: A Culinary History*, ed. Albert Sonnenfeld (New York, 1999), pp. 215-220.

(17) The term *pico de gallo* is not found in the *Diccionario de la lengua española* of the Real Academia Española, 22nd edn (Madrid, 2001). In the *Diccionario Breve de*

Mexicanismos (Mexico City, 2001) it is defined as a sauce of prickly pear, onion and chillies.

(18) Florence Fabricant, 'Riding Salsa's Coast-to-coast Wave of Popularity', *New York Times*, 2 June 1993.

(19) Andre Mouchard, 'Hasta la vista, Ketchup! Sales of Salsa and other Mexican Sauces', *Orange County Register*, 30 May 1993.

(20) NPD Group market research survey cited in 'Ketchup is Still King in Battle with Hot Salsa', *Pittsburgh Observer-Reporter*, 9 August 1994.

(21) Arlene Davila, *Latinos, Inc.: The Marketing and Making of a People* (Berkeley, CA, 2012), pp. 54-55.

(22) Robert A. Underwood, 'Dear Colleague' letter to the Congress of the United States, 'The Ketchup-only Bill: Our National Condiment!', 18 October 1995.

第3章　フランス料理のソース

(1) 'Les sauces sont la parure et l'honneur de la cuisine française; elles ont contribué à lui procurer et à lui assurer cette supériorité.' *Larousse gastronomique* (Paris, 2000), p. 2176.

(2) 'Les sauces représentent la partie capitale de la cuisine. Ce sont elles qui ont créé et maintenu l'universelle prépondérance de la cuisine française.' Auguste Escoffier, *Le Guide culinaire* (Paris, 1993), p. 4.

(3) 'C'est justement comme un homme qui aurait trouvé une sauce excellente, et qui voudrait examiner si elle est bonne sur les préceptes du Cuisinier français.' Molière, *La Critique de l'École des femmes* [1663], Act I, scene 6, in *Oeuvres complètes*, ed. Pierre-Aimé Touchard (Paris, 1962).

(4) Jean-Robert Pitte, *Gastronomie française: Histoire et géographie d'une passion* (Paris, 1991), p. 130.

(5) Julia Child, Simone Beck and Louisette Bertholle, *Mastering the Art of French Cooking* (New York, 1961), p. 58.

(6) Louis-Eustache Ude, *The French Cook; or, the Art of Cookery*, 3rd edn (London, 1815), p. 10.

(7) Child et al., *Mastering*, p. 54.

(8) Cathy Kaufman, 'What's in a Name? Some Thoughts on the Origin, Evolution, and Sad Demise of Béchamel Sauce', in *Milk: Beyond the Dairy*, ed. Harlan Walker (London, 2000), p. 198.

(9) Christopher Grocock and Sally Grainger, eds, *Apicius: A Critical Edition* (London, 2006), recipe 8.6.6.
(10) Marie-Antomin Carême, 'Traité des grandes sauces', *L'Art de la cuisine française au XIX e siècle* (Paris, 1833), vol. III, p. 3.
(11) Pitte, *Gastronomie*, p. 130.
(12) Hervé This, *Kitchen Mysteries*, trans. Jody Gladding (New York, 2007), p. 119.
(13) Jean-Pierre Poulain and Edmond Neirinck, *Histoire de la cuisine et des cuisiniers*, 5th edn (Paris, 2004), p. 123.
(14) Stephen Mennell, *All Manners of Food: Eating and Taste in England and France from the Middle Ages to the Present* (Chicago, IL, 1996), p. 239.
(15) François Rabelais, *Le Quart-livre* (Paris, 1552), p. 164.
(16) Eneas Sweetland Dallas, *Kettner's Book of the Table* (London, 1877), p. 5.
(17) Alexandre Dumas, père, *Le Comte de Monte Cristo* [1846], ed. J. H. Bornecque (Paris, 1956), p. 739.
(18) Louis Marin, *Food for Thought*, trans. Mette Hjort (Baltimore, MD, 1989), pp. 143-145.
(19) Claude Fischler, *L'homnivore* (Paris, 1990), p. 264.
(20) Gabriel Meurier, *Trésor de sentences dorées, dicts proverbes, et dictons communs* (Paris, 1581), p. 213.
(21) Jean-Anthelme Brillat-Savarin, *Physiologie du goût* [1826] (Paris, 1982), p. 345.
(22) Elizabeth David, *Spices, Salt, and Aromatics in the English Kitchen* (Harmondsworth, 1970), p. 75.

第4章　グレイヴィ――肉とパスタのソース

(1) 'Grain', 'Grané' and 'Gravé', *Dictionnaire du moyen français* (DMF 2012), ATILF - CNRS & Université de Lorraine, www.atilf.fr/dmf, accessed 26 September 2012.
(2) Colin Spencer, *British Food: An Extraordinary Thousand Years of History* (New York, 2003), p. 106.
(3) William Kitchiner, *The Cook's Oracle* (London, 1817), p. 272; Kitchiner, The Cook's Oracle (Boston, 1822), p. 261.
(4) Kitchiner, *The Cook's Oracle* (Boston, 1822), p. 260. Emphasis in original.
(5) Susannah Carter, *The Frugal Housewife* (London, 1765), pp. 23-25.
(6) Spencer, *British Food*, p. 276.
(7) Mary Douglas and Michael Nicod, 'Taking the Biscuit: The Structure of British

Meals', *New Society*, XXX/637 (December 1974), pp. 744-747.
(8) Ibid., p. 746.
(9) Ibid.
(10) Massimo Montanari, *Food is Culture* [*Cibo come cultura*], trans. Albert Sonnenfeld (New York, 2006), p. 111.
(11) George Allen McCue, 'The History of the Use of the Tomato: An Annotated Bibliography', *Annals of the Missouri Botanical Garden*, XXXIX/4 (1952), pp. 289-348.
(12) Jeffrey M. Pilcher, *Que vivan los tamales! Food and the Making of Mexican Identity* (Albuquerque, NM, 1998), p. 50.
(13) Rudolf Grewe, 'The Arrival of the Tomato in Spain and Italy: Early Recipes', *Journal of Gastronomy*, 3 (1987), p. 77.
(14) Alberto Capatti and Massimo Montanari, *Italian Cuisine: A Cultural History*, trans. Aine O'Healy (New York, 2003), p. 55.
(15) '. . . per indicare che i pomodori entrano per tutto'. Pellegrino Artusi, *La scienza in cucina e l'arte di mangiar bene* [1891] (Rome, 1983), p. 91.
(16) Marcella Hazan, *The Classic Italian Cook Book* (New York, 1980), p. 28.
(17) Silvano Serventi and Françoise Sabban, *Pasta: The Story of a Universal Food*, trans. Antony Shugaar (New York, 2002), pp. 263-264.
(18) Franco La Cecla, *La pasta e la pizza* (Bologna, 1998), p. 77.
(19) 'Ragù', *Oxford Companion to Italian Food*, ed. Gillian Riley (Oxford, 2007), p. 433.
(20) Marcella Hazan, *Essentials of Classic Italian Cooking* (New York, 1995), p. 150.
(21) Donna R. Gabaccia, *We Are What We Eat: Ethnic Food and the Making of Americans* (Cambridge, MA, 1998), p. 151.

第5章　ちょっと変わったソース

(1) Marie-Antonin Carême, *Le Cuisinier parisien* (Paris, 1828), p. 24.
(2) Menon, *Les Soupers de la cour* (Paris, 1755), vol. IV, pp. 314-315.
(3) François Massialot, *Le Cuisinier royal et bourgeois* [1693], 2nd edn (Paris 1705), p. 224.
(4) 'Hershey's Syrup', Hershey Community Archives, www.hersheyarchives.org, accessed 1 November 2012.
(5) 'What Is In the Sauce That Is In the Big Mac?', http://yourquestions.mcdonalds.ca, posted 23 June 2012.
(6) Robert May, *The Accomplisht Cook* [1660], 5th edn (London, 1685), section I, n.p.

(7) Quentin R. Skrabec, *H. J. Heinz: A Biography* (Durham, NC, 2009), p. 50.
(8) Eneas Sweetland Dallas, *Kettner's Book of the Table* (London, 1877), p. 455.
(9) 'Welsh Rabbit', in *An A-Z of Food and Drink*, ed. John Ayto (Oxford, 2012).
(10) 'Cookery', *Household Words*, ed. Charles Dickens, III/61 (24 June 1882), p. 155.
(11) Nathan Myrhvold, *Modernist Cuisine* (Washington, DC, 2011), vol. IV, p. 226.
(12) Hervé This, *Kitchen Mysteries*, trans. Jody Gladding (New York, 2007), p. 4.

第6章　何が違い，何が同じなのか

(1) See Louis-Eustache Ude, *The Art of Cookery* (London, 1815); Menon, *La Cuisinière bourgeoise* (Paris, 1746); and William Kitchiner, *The Cook's Oracle* (London, 1817).
(2) Eliza Acton, *Modern Cookery* (London, 1868), p. 105. For a detailed recipe for 'the national sauce' see also Mary Hooper, *Good Plain Cookery* (London, 1882), p. 45.
(3) Elizabeth David, *Spices, Salt and Aromatics in the English Kitchen* (Harmondsworth, 1970), p. 13.
(4) Jean-Robert Pitte, *Gastronomie française: Histoire et géographie d'une passion* (Paris, 1991), p. 43.
(5) 'Ketchup a Vegetable in School Lunch Plan', *Pittsburgh Press*, 13 September 1981; 'USDA Approves Salsa as Vegetable', Telegraph-Herald (Iowa), 1 July 1998.
(6) Colin Spencer, British *Food: An Extraordinary Thousand Years of History* (New York, 2003), p. 273.
(7) 'Cette sauce est bonne pour masquer des entrées qui n'ont pas bonne mine.' Menon, *La Cuisinière bourgeoise*, p. 154. The sauce ingredients are hard-boiled egg yolks, anchovies, capers, bouillon and beurre manié.
(8) Eneas Sweetland Dallas, *Kettner's Book of the Table* (London, 1877), p. 2. On the subject of melted butter sauce, Dallas concedes, 'It is best to accept as a compliment the name which was meant as a reproach, and to call it the English Sauce', p. 301.
(9) Louis, Saulnier, *Repertoire de la cuisine*, trans. E. Brunet (London, 1976), p. vii.
(10) '. . . dans une science qui se vante d'être si éminemment française'. A. Tavenet, *Annuaire de la cuisine transcendante* (Paris, 1874), p. 45.
(11) Jean-Louis Flandrin and Massimo Montanari, 'Conclusion: Today and Tomorrow', in *Food: A Culinary History*, ed. Albert Sonnenfeld (New York, 1999), p. 551.
(12) 'Per esempio [la pastasciutta] contrasta collo spirito vivace e coll'anima appassionata generosa intuitiva dei napoletani.' Filippo Marinetti, *Cucina futurista* (Milan, 1932), p. 28.

メアリアン・テブン（Maryann Tebben）
バード大学サイモンズロック校（マサチューセッツ州）のフランス語フランス文学准教授。食物学研究センター長。ルネサンス期および17世紀のフランス文学と食物史を研究。イタリア語も堪能で，イタリア文学とイタリアの食物史の業績も多数ある。

伊藤はるみ（いとう・はるみ）
翻訳家。1953年名古屋市生まれ。愛知県立大学外国語学部フランス学科卒。主な訳書にN・ベロフスキー『最悪の医療の歴史』，ジョゼフ・A・マカラー『サンタクロース物語』（以上，原書房），H・ブローディ『プラシーボの治癒力』，G・マテ『身体が「ノー」と言うとき』（以上，日本教文社）がある。

「食《しょく》」の図書館《としょかん》

ソースの歴史《れきし》

●

2016年5月26日　第1刷

著者……………メアリアン・テブン
訳者……………伊藤《いとう》はるみ
装幀……………佐々木正見
発行者……………成瀬雅人
発行所……………株式会社原書房

〒160-0022 東京都新宿区新宿1-25-13
電話・代表 03(3354)0685
振替・00150-6-151594
http://www.harashobo.co.jp

印刷……………新灯印刷株式会社
製本……………東京美術紙工協業組合

ISBN 978-4-562-05318-6, Printed in Japan